シュリンキング・ニッポン

縮小する都市の未来戦略

大野秀敏＋アバンアソシエイツ

鹿島出版会

目次

序論

縮小する都市の未来

大野秀敏

本書は縮小する都市に対する、私たちの提案「ファイバーシティ*1」が喚起した議論を集めたもので、この議論がさらに深まり広がることを願ってつくられたものである。今後、日本の都市を五〇年単位で考えると確実に人口減少をこうむる。一世紀単位で考えると、環境問題の解決のために物質的成長が難しくなる。いずれも、今までのように成長や発展を前提にすることができなくなる。そのような逆風に対して、成長の可能性を探るとしても、縮小が避けられないのであれば、それを逆手にとって災いを福とする策がないかどうかを探ることも必要であろう。これが本書の関心である。といっても、まだ縮小は始まったばかりであり、決定打満載というわけにはいかない。本書に登場する人たちは必ずしも縮小問題を解決しようとして毎日活動しているわけではないが、成長の世紀であった二〇世紀とは違った思考をする人たちである。本書は、同時に、都市にかかわる彼らの活動の記録でもある。

*1 本書二四〇〜二四九頁参照

縮小は避けられない

縮小、縮小と言い立てるのは、人々の恐怖心をあおり立てて言いくるめる霊感商法の手口のように聞こえるかもしれない。このままでは地獄に堕ちるぞ、いやなら、この仏像を買って拝みなさいというわけである。

しかし、こと「縮小」に関しては危機が過小評価されているきらいがある。たとえば、最新の政府の人口予測では、今後四七年、つまり二〇五五年までに約四〇〇〇万人近くの減少があるといっているが、このことを知っている人はどのくらいいるのだろうか。日本の公式の人口予測は、国立社会保障・人口問題研究所によってなされている。以前から同研究所の人口予測が楽観的だという批判があった。二〇〇六年まで、二一世紀半ばの人口はおおよそ一億人といっていた。ところが、二〇〇六年の年末に一挙に一〇〇〇万人減り、九〇〇〇万人になったのである。予測は、出生率の回復などのいくつもの仮定ストーリーに基づいてなされるので、楽観的に出そうと思えば、いくらでも楽観的にできる。人口予測は年金政策やインフラ需要の予測、税収予測など、国の施策に大きな影響を与えるので慎重にならざるをえない。しかし、この予測値の変更は、いよいよ「不都合な真実」を隠しておくことができなくなったということであろう。一〇〇〇万人は福岡県を除いた九州の人口に相当する。

人口縮小は出生率の低下によって起きる

日本は出生率では世界の中でも低いほうのグループに属し、二〇〇四年度の合計特殊出生率は一・二五であった。これは、全人口で考えれば一人当たり〇・六人強しか子どもをもたない。だから今後目に見えて人口は減っていく。いつまでもこんな低い水準だと三〇世紀になるころには地球上から日本人は消えてしまう。だから、いずれ、せめて人口を維持できる出生率に戻さなければならないのだろうが、出産は極めて個人的な問題であり人生観の反映だから、そう容易に変わるものではない。それに二〇五七年に五〇歳になる人は既に生まれてしまっているので、移民以外では人口を増やすことはできない。したがって人口縮小は当面は回避不能である。

これまでも、地方都市では人口縮小が起こっていたが、これは社会減であった。つまり、地方都市に若者が定着しないために起こる現象であるが、これからの縮小は国全体で起こり、大都市といえども無縁ではいられない。ただ、地方都市と大都市との人口における格差は、無策であれば今後ますます拡大しそうである[*2]。

*2 本書二一頁参照

四割の人口が六五歳以上の超高齢社会

日本の人口構造をめぐる変化は出生率の低下だけではない。高齢化が同時に進行している。既に日本は世界の最長寿国である。現在は、高齢者(六五歳以上)は全体の人口の二割くらいであるが、これが二〇五二年には四割に達するという予測がある。現在の倍である。年金問題や介護問題は当面の問題であるが、それだけではない、家族構成、生産システム、居住パターンなどあらゆることが大きく変わることになろう。したがって、都市も建築も大きく変わる[*3]。

*3 本書二九頁参照

人口減少は先進諸国の共通課題であるが、先進国だけの問題かというとそうではない。既に世界の三分の一の国の出生率は人口を維持できるレベルにはない。お隣の韓国やシンガポールなどのアジア諸国、欧州ではドイツやイタリアなどが出生率の低さで日本と肩を並べる。さらに、一般的傾向として、生活が豊かになり、子供を育てるコストが高くなり、女性の自己実現の欲求が高まると出生率は低下する。だから、人口減少は地球規模の問題であるといってよい。

環境問題

一方、少なくとも現時点では地球の人口は増え続けているのも事実である。国連の予想でも、少なくとも現在の三割強増える。当面、人口問題は一方に人口減少があり、もう一方に人口増加があるという構造が続くと思われる。そしてこの人口増加が、地球環境問題の原因の一つとなっている。環境問題にしても、ことの重大さは最近まで認識されてこなかった。数々の科学的観測事実が突きつけられても、本当に問題が存在するのか疑わしく、疑わしい観察に基づいて世界の発展にブレーキをかけるのは愚かであるという論調が、それなりに影響力をもっていた。しかし、昨今の異常気象の頻発を前にして人々の認識は変わりはじめている。地球の資源も処理能力も有限であるのに、地球全体の人口は増え続けているのだから当然一人あたりの消費できる物質の量は減ることになる。だから環境問題も縮小問題の一つなのである。技術革新は限界の到来をいくぶん遅らせるかもしれないが、それも無限に遅らせることはできない。

環境問題は、温室効果ガスの排出による気温上昇、海面上昇、水不足、環境汚染、オゾンホールなど多岐にわたるが、直接の原因は、先進諸国でのエネルギー多消費型の生活と発展途上国で起こっている人口膨張と彼らの生活レベルの向上である。これらの要因によって農業・工業の生産量は増え続け、それに応じて天然資源の採掘も生産と消費過程からの排出も増え続けている。天然資源には埋蔵量という限界があり、排出には地球の処理能力という限界がある。これらの限界量はエコロジカル・フットプリント[*4]という概念で語られることもあるが、これは一九八〇年代にとっくに超えてしまっている[*5]。もちろん、天然資源の埋蔵量も採掘技術の進化によって変わるし、排出量も科学技術の進歩によって減らすことはできるが、しかし無限ではあり得ないことに変わりはない。

二〇世紀は成長の時代であったが、あまりに急激な成長によって、われわれは短期間

*4　ある地域の人間の生活を支えるのにどれだけ生物学的に生産可能な土地・水域が必要かを面積であらわしたもの。
*5　本書二七頁参照

のうちに成長の限界にまで達してしまった。それゆえ、二一世紀は縮小の時代であり、これを解決するのが人類の課題である。

二一世紀は縮小をめぐる闘争の時代

環境問題が緊急であることを世界中が認めた現在、気候変動枠組み条約締約国会議での応酬を見ていればわかるように、縮小しつつある成長の可能性をめぐって、地域間で闘争が起こりはじめている。そもそも成長なき発展を意味するサステナブルディベロップメント（持続可能な発展）というスローガンそのものがいかがわしかった。実際には、これから発展しようとする地域の成長にとっては既に発展した国が現状を維持することすら、排出規制という観点からすると障害になるかもしれない。同様に、日本国内でも地方都市と大都市の間で深刻な闘争が起こっている。膨張する社会では分け前自体が増えるので、闘争に敗れても救いはあったが、縮小する社会での闘争は切実なものにならざるをえない。もし、二一世紀に縮小が避けられないとすると、二一世紀は闘争が絶えない暗い時代になるだろう。頻発する現代の地域紛争はその予兆かもしれない。

物資的成長がなくても活力を失わない社会は可能か？

しかし、このような悲観的予測は、社会の活力の源泉が成長にしかないのであれば避けられないが、もし、経済成長がなくても活力を失わない社会が構想できれば事態は大きく変わることになろう。経済学者は書生論と一蹴するかもしれないが、少なくとも建築設計や都市計画のような社会的技術の分野においては、縮小によって環境の質を向上させる思想や方策を開発する可能性があるように思う。なぜなら進歩のみしか知らない科学技術と違って、われわれ建築家や都市計画家は、一〇〇〇年前の都市や建築と比べて現代の都市や建築が圧倒的にすぐれているとは考えないし、場合によっては逆かもしれないと考えることもあるからである。もし、縮小を逆手にとって環境を改善することができるのなら、二一世紀の社会に大いに光明を投げかけることになろう。

1 縮小がもたらすもの

増える不在地主

では、都市を急速な人口減少に任せておくとどうなるのか。まず、各地で廃村だけでなく廃市も続出するであろう。何しろ五〇年足らずの間に四〇〇〇万人弱の減少である。首都圏丸ごとなくなってもまだ足りない人数である。そこらじゅうに空き家が増え、犯罪の温床になるであろう。都市の拡大に対応してのびきったインフラストラクチャーは管理もされず放置されているであろう。不便な郊外からは経済的に余裕のある層が都心に逃げ出し、採算割れした公共交通網を抱えた郊外には行き場のない低収入層が取り残されるであろう。かつて地元の商店街を一掃した大型スーパーはさっさと店を閉めるから日々の生活に困る地域が広がる。こうした生活インフラの崩壊は、単純な人口減少による採算割れだけでなく、経済規模の縮小、税収入の減少などが追い打ちをかける。

わかりやすい例を挙げよう。これから定年を迎える団塊の世代では、多くの地方出身者が大都市に移り住んだ。今後、彼らが亡くなり、彼らの子供が不動産を相続する段になると、日本中に不在地主が発生する。この団塊ジュニアの子供たちから急に人口が減るのである。これからは大抵の場合小さな不動産であり、地方中小都市では地価が下落するので処分もできない[*6]。かくして野ざらしの空き家がいたるところに増え、場合によっては無縁仏と同様に地主を探すのもひと苦労ということが起きる。余るのは個人所有の

[*6] 本書三〇〜三一頁参照

住宅だけでなく、公共施設も人口が減れば余り、維持に手を焼くことになる。高度成長期に農地や山林をつぶして市街地を拡大させたのだが、再び別の土地利用に変換しなければならない。

超高齢社会は、人々の働き方を大きく変える

現在、年金問題が政治的争点になっている。当面の関心事は記録問題であるが、背後には年金財政の逼迫がある。若い世代が多ければ、家族であれ国家であれ、誰かが老人の面倒を見る。しかし、高齢者比率が四割にもなると、元気な老人は年金を受け取れない。つまり、老人も働けるうちは皆働かなければならないことになる[*7]。超高齢社会になるとご隠居さんとして自宅で悠々自適などは夢のまた夢の話となる。女性もしかりだ。今までの女性の労働参加は女性個人の自己実現の問題として議論されることが多かったが、これからは生産の問題になる。老人も女性も働かなければ食べていけなくなったときの社会や都市の様子を、建築家や都市プランナーは思い描かなければならない。

超高齢社会では、有権者の大半は老人なので高齢者を優遇する政策が取られ、少ない年金収入を補うために老人が職の争奪戦に加わるであろう。また、商品も施設も老人向けが標準仕様となるはずである。その結果、若者と老人の世代間の衝突が先鋭化しよう。

超高齢社会では家族規模が小さくなり、単身世帯が世帯数で最多となる。二〇〇〇年には全世帯の四分の一が単身世帯で三分の一の核家族（夫婦と子）に続いていたが、二〇二五年には逆転し、単身世帯が三分の一となり、核家族（夫婦と子）は四分の一に減る。単身世帯が多い社会は、簡単にいえば寂しい社会である。誰もが一人でやっていけるわけではないから、さまざまな共同居住の形態が求められるであろう。しかし既に地域コミュニティは弱体化しているから、なんらかの手助けがないと共同生活は実現しない。

*7　本書二八〜二九頁参照

労働力不足を補うために外国人労働者の受け入れが議論されている。多数の外国人を呼び込めば、異国人と暮らした経験の乏しい日本の社会は不安定になり、都市破壊と暴力が蔓延するかもしれない。しかし、情報システムが行きわたり、労働者が日本に移動する前に仕事のほうが日本から流出している（これがワーキングプア問題の原因となっている）。こうした状況を見ていると、対人サービスと知的労働以外ではそれほど外国人労働者の需要はないかもしれない。

縮小をめぐる議論はまだ不十分である

これほどの難問を突きつけ、都市形態、住まい方にかくも大きな変化を引き起こすことが予測される縮小問題ではあるが、今のところは、それほど差し迫った問題として議論されていない。議論はもっぱら年金や医療の心配に集中している。年寄りが議論しているからかもしれない。また、都市の専門家は地方の中小都市の衰退の問題に目を奪われ、全般的な縮小にどう対処するのか、本腰を入れて取り組んでいるようには思えない。人口が減れば、通勤電車の混雑が緩和されて通勤が楽になるだろうとか、宅地が広くなり、うさぎ小屋から抜け出せるだろうといった楽観論すらあるという。

そもそも、日本人に限らず人類は縮小に対処する方法を知らない。それは、人類が誕生して以来、特に有史以降は、拡張の一途をたどってきたからである。人口は増え続け、寿命ものびてきた。生産高も増え続けてきた。人々の移動速度は加速度的に速くなっている。人が摂取するカロリーも、自由にできるエネルギーも増え、処理できる情報量も通信速度も増えている。二〇〇万年前にアフリカ大陸の片隅でおずおずと活動を始めた人類は、活動範囲を広げ、今や地球の隅々までところ狭しと覆い尽くし、さらなる豊かさに向けて貪欲に活動をしている。戦災とか疫病の流行などによって一時的な縮小は経験したが、人類はこれまで根本的な縮小を経験していない。経験していないから対処法をもっていないのは当然である。

時代は少しずつ変わりつつある

先進諸国では人々はとりすぎた栄養で不健康になり、速すぎる通信速度に追い回されて仕事を奪われ、成長が必ずしも幸せをもたらさないことに気づきはじめている。また、私が教育を受けた高度成長期のころは、閉鎖的で低成長社会であった欧州の中世や日本の近世社会は「暗黒」などと否定的にしか扱われなかった。しかし、最近はむしろ精神的な成熟を評価し、肯定的に見られることも多くなってきている。

建築や都市計画の分野では、大勢はいまだに拡大の可能性を世界中で探し求めている状態であるが、鋭敏な感性をもった人たちが縮小に気づき、縮小の時代の都市計画や建築設計とはどのようなものかを考えはじめている。

2　縮小に立ち向かうストーリー

地球の容量に限界があり成長の機会が減れば、すべての地域が成長路線にとどまり続けることは難しいことになろう。それを前提で考えると、縮小の時代への対応は二つになる。その一つは、成長だけが人々の幸せを約束する唯一の道であるという信念のもと、必死に成長の機会を求めることである。たとえば、効率的で生産性の高い大都市に資源を集中させ、大都市に稼がせるのが国としての富を最大化するという考え方は、この第一の道かもしれない。大都市が稼いだ金を再配分する仕組みがしっかりしていればよさそうに見えるが、資本と人材を引き上げられた地方都市から、ただでさえ少ない活力を奪ってしまう。少ない成長の果実の奪い合いは、地方都市と大都市、富裕層とワーキングプアなどといったさまざまな分断を生み出し、次世代の創造的エネルギーをそぐ。

一方、社会的公正と社会の活力の維持を適正なところでバランスさせようとすると、どうしても成長率は低くなるのではないだろうか。しかし、低成長でも場合によっては縮小しても、それが社会システムや環境の改善の機会を提供してくれるのであれば、人々はそれほど縮小を恐れなくなるであろう。これが第二の道である。縮小を受け入れ、それを好機ととらえるのである。むろん永遠に縮小を続ければ、やがて文明そのものも消えてしまうから、少なくとも平衡状態に戻らなければならない。そのためには、今までにまして科学技術の発展、社会の効率性の追求が必要であろう。しかし、第二の道は、成長だけを信奉して縮小を恐れることは愚かだと考えるのである。

縮小する都市の課題

では、縮小を好機に変える戦略の要点は何か。今確かなことをまとめてみよう。

【1】あるものを使うこと＝現状を否定しないこと

二〇世紀は物資的に豊かな世紀であり、また革命的な思考を何より高く評価する時代であった。過去を時代遅れと非難し、歴史を否定し、一から新たに作り上げるということをよしとした。そのために世界の総生産高は一世紀の間に一七・五倍になるという驚異的な成長を遂げた。また、多くの人が飢えと病苦を免れるということを成し遂げた二〇世紀は本当に偉大な時代であった。しかし、それはすべて地球の有限な資源の無尽蔵な利用のうえに築かれたものであった。これに対して、縮小の時代には資源は豊富には使えない。それゆえ、あるものを生かすことを考えなければならない。

二〇世紀的思考に染まりすぎたわれわれは、ストックの時代の建築さえも、「新築」することを考えてしまう。近ごろ、福田康夫首相が提唱した二〇〇年住宅などがその好例である。環境の時代に長持ちする建築を新築しようということである。三〇年程度しか建築を使っていない日本では一〇〇年もてば重要文化財に指定される。そのうえ、二〇〇年後には人口は現在の三分の一程度になっているのだから不良ストックを増産することになってしまう。縮小の時代の発想は、二〇〇年もつ建築を新たに作るのではなく、今ある建築ストックをせめて五〇年使えるようにする技術を開発することである。

【2】課題と処方箋は、場所ごとにユニークであること

今あるものを使うということを前提に考えると、それぞれの場所の環境やものの履歴が問題となる。建築でいえば増築するにしろ、改修するにしろ、元の建物がどんな建物であったかを知らなければならない。当然、改修方法は個別の建物ごとに違った方法が取られることになる。膨張の時代の環境創造はユニバーサルな方法が有効であったが、縮小の時代の環境改善は、ケースによって個別で個性的でなければならない。

【3】部分からの発想と全体への責任

あるものを使うということからすれば、全体を一挙に大がかりに改変することは当然できない。部分の積み重ねによってのみ全体が徐々に形成されていく。このような状況に対して、今までの日本の都市計画のように都市の全体像をもたないままで対処すると、都市は迷走してしまう。機動的で断片的な個別のプロジェクトに確かな方向性を与える全体像をもたなければならない。

縮小の時代には膨張の時代とまったく違う需要があり、まったく違う発想と知と制度が必要である。これまでの都市計画の法体系、手法、実行組織、建築関連の法規、デザイン思想など、いずれも二〇世紀に形成されたものであり、膨張を前提にでき上がっている。具体的にいえば再開発、区画整理、ニュー・ディール政策、ハワードの田園都市構想、

ル・コルビュジエの現代都市構想など、いずれも地価の上昇、需要の無限成長を前提としているが、このような手法は現代ですら立ち行かなくなっている。日本の建築基準法は増築や改修をしにくくし、新築を奨励し、改修をしがたくしている側面がある。

3　ファイバーシティ構想

私たちが、日本の都市の将来像を描くために大学の同僚や学生と自主研究を開始したのは二〇〇〇年であった。私たちは研究を進めていく過程で人口減少は年金の問題にとどまらず、都市や建築を大きく変える大事件であることに気づいた。やがて、環境問題も同じ構造をもっていることもわかってきた。私たちは、縮小を受け入れたうえで未来の姿を構想しなければならない。そうすると、人口においてもしばらくは現状維持を続けるといわれている首都圏も、率先して縮小を引き受け、縮小の成功例になるべきだと考えるようになった。首都圏の人口が現状維持といっても未来永劫そうだというわけではなく、縮小の時期が遅いか早いかだけのことである。他地域より少し遅くなることをよいことに縮小への対応が遅れると、むしろ対応のタイミングを逸する可能性が大きい。一九七〇年代に、アメリカの厳しい環境基準に早々と積極的に対応した日本の自動車産業と、それを嫌ったアメリカの自動車産業のその後の軌跡を見れば、どちらが賢明であったかは明らかである。この教訓は都市にも生かされるべきだろう。このような難しい対応は、経済的余裕のあるうちに行っておくべきである。

二一世紀が縮小の時代だとするなら、縮小の時代の先鞭をつけた地域が最終的には二一世紀文明の先頭に立つことになる。成長の世紀である二〇世紀はアメリカの時代であった。その象徴的な出来事は二〇世紀冒頭のT型フォードの大量生産ラインであるが、アメリカは製造業だけでなく、ジャズから映画、教育、科学まであらゆる分野で成長の文化を輸出した。日本の首都圏が早々と縮小への対応を済ませれば、日本モデルとして二一世紀の文明のあり方を示すことができることになろう。

私たちの都市ビジョン研究は、いくつかのイベントをブースターにして推進していった。最初は、二〇〇三年のロッテルダム建築ビエンナーレに招待を受けたことであった。ここで、「ファイバーシティ」というコンセプトが生まれた。二年後の二〇〇五年にサステナブルビルディング国際会議が東京で開かれたのを機に、対象を東京に絞り込んで「ファイバーシティ／東京二〇五〇」としてまとめて発表した。続いて二〇〇六年に月刊誌『新建築』*8、続いて同誌の国際版である『ジャパンアーキテクト』*9から原稿の依頼があった。前年の提案を補強し、それまでの大野研究室での東京研究も併せてまとめた。続いて、二〇〇七年にはアキバスクエアで「シュリンキングシティ×ファイバーシティ＠秋葉原」展を開催した。

この展覧会は私たちの「ファイバーシティ／東京二〇五〇」とドイツで時を同じく縮小都市問題に取り組んでいたフィリップ・オスヴァルト氏の「シュリンキングシティ」展とを合同させて一つの展覧会とした。また展示と並行して、三週間の会期中の各週末九回にわたって、三五人の発表者による連続ミニシンポジウム「トークイン」を開催した。このときの発表はいずれも貴重なものであった。まさに成長の世紀であった二〇世紀とは違った思考をする人たちが秋葉原に集結したのである。この出版にあたって、新たに国土交通省の都市計画審議官の竹内直文氏と都市社会学の吉見俊哉氏を迎えて大野が対談を行い、更に関連資料や写真を併せて一冊の本にまとめることにした。

なお、各寄稿者の文章は当日の発表をもとにしながら、この本のために書き下ろされたものである。また、各章の冒頭に大野が解説を加えた。

*8　新建築社、二〇〇六年
*9　新建築社、二〇〇六年

データ

松下幸司＋森 正史
（アバンアソシエイツ）

ゆでエビ化するニッポン

人口の変化や高齢化の地域的な違いを明らかにするために、各都道府県の形は変えずにその面積を人口に比例させて拡縮し、高齢化率の違いを色分けで示すような「人口日本地図」を作ってみると、一九五〇年代半ばより始まる高度経済成長に伴って地方から大都市へ人口が流入したので、二〇〇五年の「人口日本地図」では三大都市圏が肥大化することで日本海側や北海道の地域が相対的に小さくなり、慣れ親しんだ日本地図とは大分印象が異なることがわかる。また、二〇三五年には日本海側を中心とする地方人口が更に減少すると共に総人口も減少するので、「人口日本地図」のそりが強くなり、全体の面積が小さくなってゆくと同時に、全国で高齢化率が高くなるため、全体に濃い赤色に変わっていく。まさに、エビがゆで上がっていく様を見ているようである。

注釈

■人口日本地図の作成手順：（二〇〇五年の各都道府県人口／二〇〇五年の日本総人口）×全国土面積により、各都道府県ごとの人口比例面積を算出。（人口比例面積／実面積）の平方根倍にて各都道府県の実地図を拡大・縮小、内接させつつ並べることにより二〇〇五年の人口日本地図を作成。一九五五年および二〇三五年の人口日本地図は、（各年の各都道府県人口／二〇〇五年の各都道府県人口）の平方根倍にて二〇〇五年の各人口比例型都道府県地図を拡大・縮小、内接させつつ並べることにより作成。

■三大都市圏：南関東（埼玉、千葉、東京、神奈川）、東海（岐阜、静岡、愛知、三重）、近畿（滋賀、京都、大阪、兵庫、奈良、和歌山）の一四都府県。

■高齢化率：全人口に対する六五歳以上の人口割合。

出典

■人口・高齢化率：国立社会保障人口問題研究所

人口日本地図の変遷

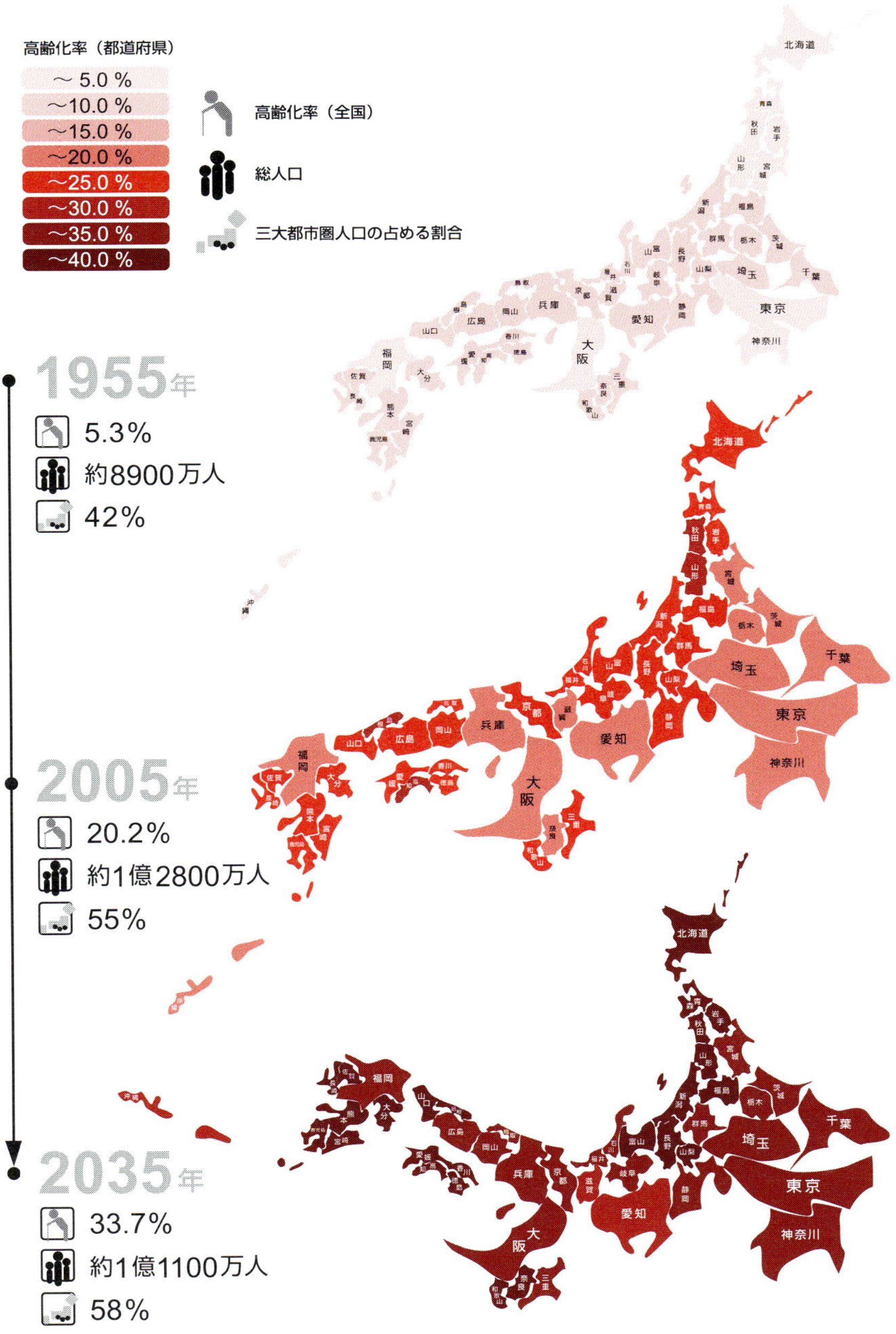
高齢化率（都道府県）
～5.0 %
～10.0 %
～15.0 %
～20.0 %
～25.0 %
～30.0 %
～35.0 %
～40.0 %
高齢化率（全国）
総人口
三大都市圏人口の占める割合
1955年
5.3%
約8900万人
42%
2005年
20.2%
約1億2800万人
55%
2035年
33.7%
約1億1100万人
58%

ピラミッドから壺へ

日本の年齢階級別人口構成グラフを一九五〇年から二〇五〇年にかけて二〇年ごとに並べると、若年層の人口が多い「ピラミッド」形から、人口重心が上方へ移動した「壺」形へと変遷する様子がよくわかる。また、グラフの頂点の上昇は平均寿命の伸びを示している。ここまでは見慣れた人口グラフであるが、ここでは、年齢別人口の一〇〇年間の推移を見るために、〇歳から八〇歳までの二〇歳ごとの推移をグラフにすると、〇歳児の実数の減り方に少子化が表れ、逆に八〇歳の人口は総人口が減っているのに異常に増え続けており、高齢化社会の凄まじさを実感できる。

注釈

■年齢階級別人口構成グラフの変遷：国立社会保障人口問題研究所作成の各年における年齢階級別人口構成グラフを活用し、これらをアクソメ状に並べて作成。

■年齢別人口推移グラフの変移：年齢階級別人口構成グラフの変遷で得られた彫塑体を各年齢において水平にスライスすることにより切り出される形を、アクソメ状に並べて作成。

出典

■年齢階級別人口構成グラフ：国立社会保障人口問題研究所

上／年齢階級別人口構成グラフの変遷（日本）

下／年齢別人口の100年間における推移（日本）

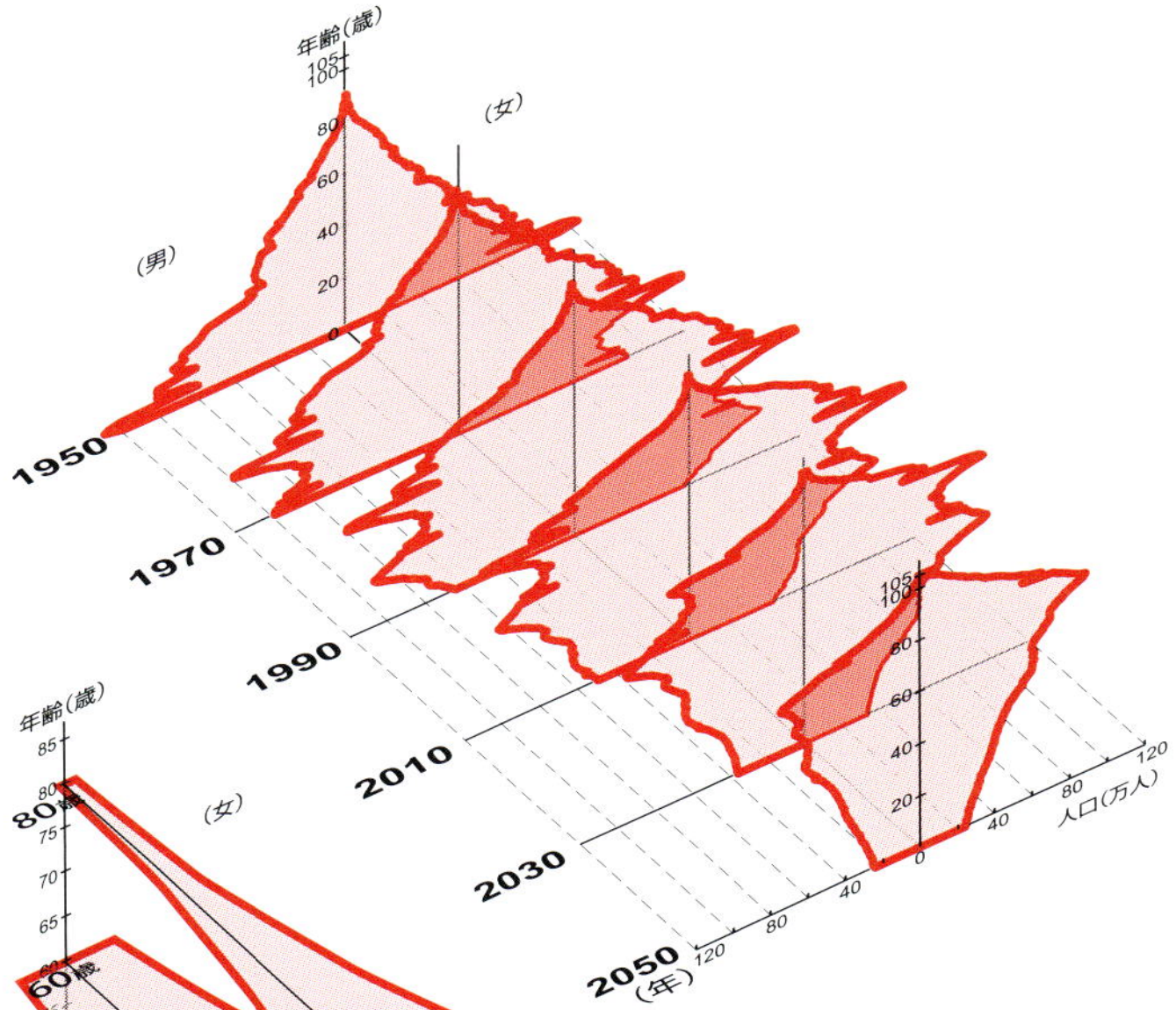

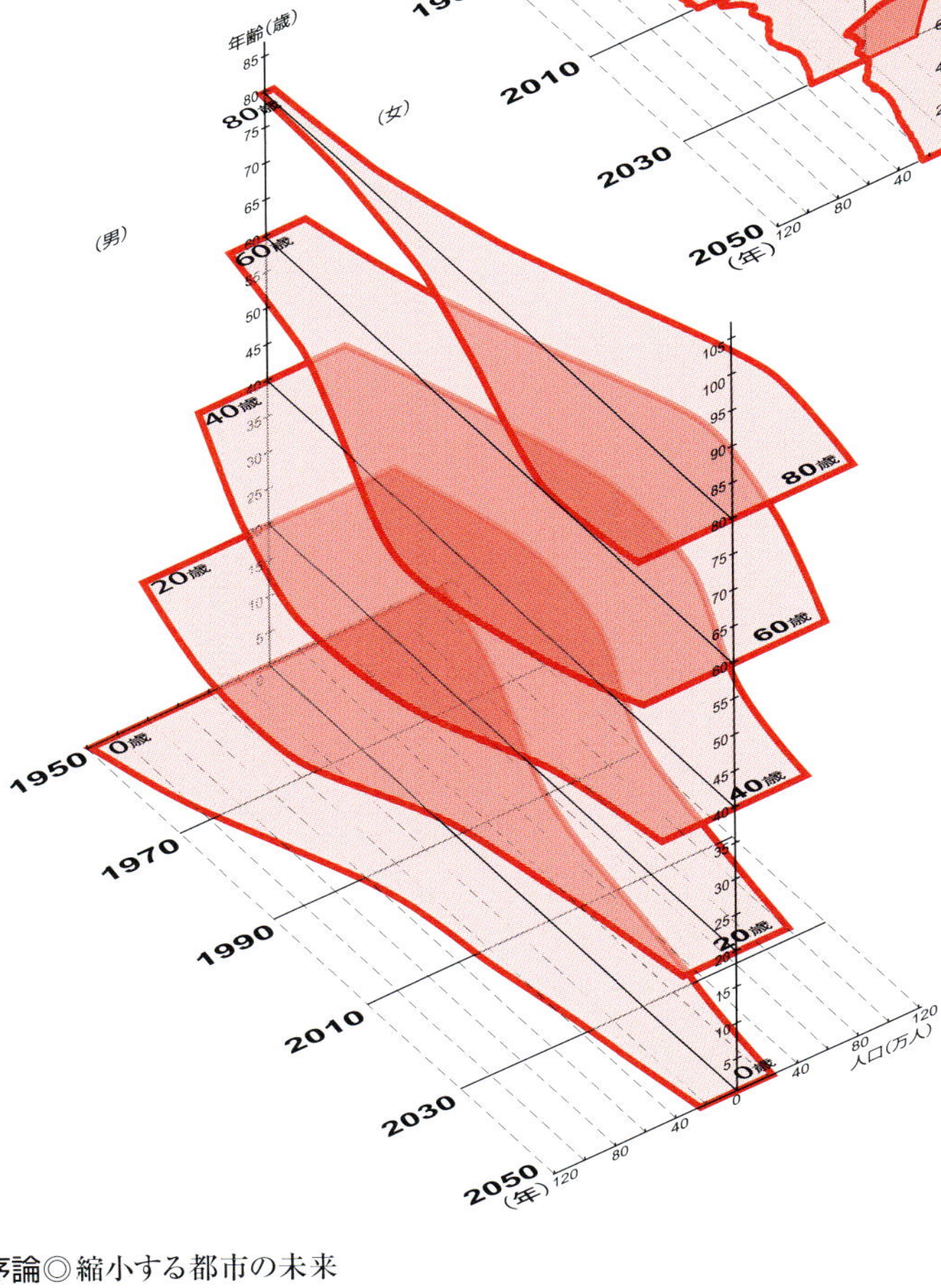

人口減少で経済活動は縮小へ!?

近世から二〇世紀に至るまで日本の人口は増え続けてきた。殊に、成長の世紀であった二〇世紀の間に約三倍になっている。そして、日本の実質GDP及び一人当たり実質GDPもこの間に急増加しており、両者の密接な関係が推測できる。しかし、日本の人口は二〇〇五年をピークについに減少へ転じ、今後五〇年間で現人口の約四分の一が失われることとなる。これは、二〇〇五年における東京都・愛知県・大阪府・福岡県の人口をすべて足した数にほぼ等しい。こうした急速な人口減少により、日本の経済は今後どのような推移をたどることになるのだろうか？

注釈

■一九九〇年国際ドル：日本の各年におけるGDP（円）を九〇年の固定価格（円）に換算し、これを購買力平価でさらにドルへ換算したもの。

■中位推計、低位推計：おのおの、出生中位・死亡中位、および出生低位・死亡中位による推計を示す。なお、二〇五〇年の高位推計（出生高位・死亡中位）人口は、約一〇二（百万人）。

出典

■人口：国立社会保障人口問題研究所

■実質GDP、一人あたり実質GDP：アンガス・マディソン『経済統計で見る世界経済二〇〇〇年史』（二〇〇四年、柏書房）

人口・実質GDP・一人あたり実質GDPの推移（日本）

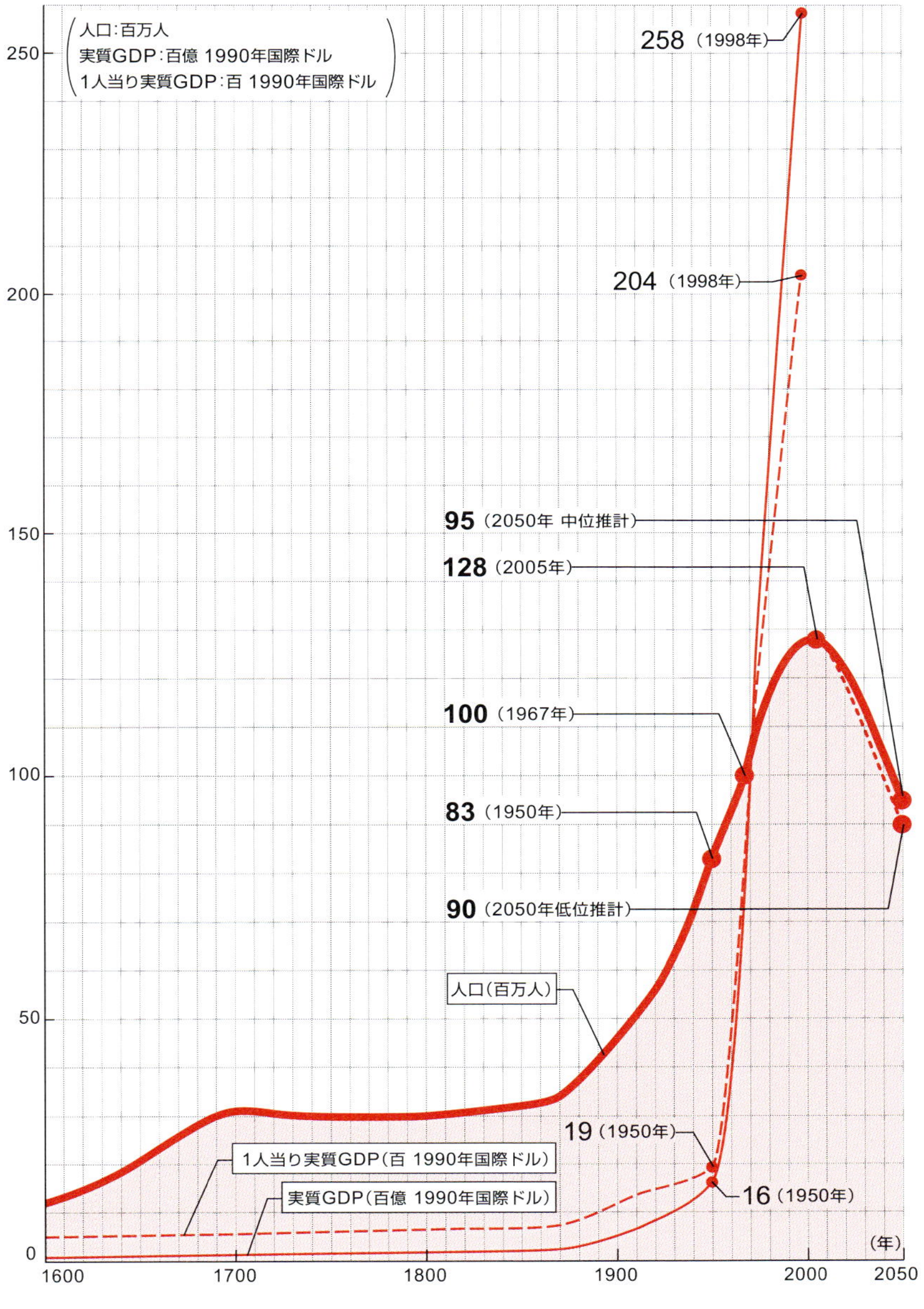

一方で世界人口は環境容量を超えて拡大

一九〇〇年から二〇〇〇年に至る一〇〇年間で、世界人口は一六億五〇〇〇万人から六一億人へと約三・七倍になり、今後の五〇年間もその勢いは衰えないと予測されている。また、地球の環境容量からみると、二〇〇五年の世界人口を養うためには地球が約一・二五個必要な計算となる。更に二〇五〇年の中位推計人口である九二億人を地球一個で養うには、発展途上国も含めた一人あたりの資源消費効率の平均値を二〇〇五年の約一・七五倍に高めなければならない。これに加えて、世界人口の増加に伴い大気中の二酸化炭素濃度も近年急上昇を続けており、環境問題の深刻さは増すばかりだ。

注釈

■地球一個が養える人口：地球の生物学的生産能力によって養える人口を示し、一人あたりの資源消費効率によって変化する。当人口値は、Global Footprint Network による Ecological Footprint および国連による World Population Prospect のデータをもとに算出。

■二〇五〇年の世界人口：高位推計・中位推計・低位推計は、二〇四五年から二〇五〇年における合計特殊出生率（一人の女性が一生の間に産む子供の数）の世界平均値がおのおの、二・五一、二・〇二、一・五四としたときの推計値。

出典

■人口：アンガス・マディソン『経済統計で見る世界経済二〇〇〇年史』（二〇〇四年、柏書房、一九五〇年まで）、United Nations, World Population Prospect: The 2006 Revision（一九五〇年以降）

■大気中の二酸化炭素濃度：IPCC（一九九五）：気象庁訳／環境庁『図で見る環境白書』（二〇〇〇年）

人口・地球が養える人口・大気中CO_2濃度の推移（世界）

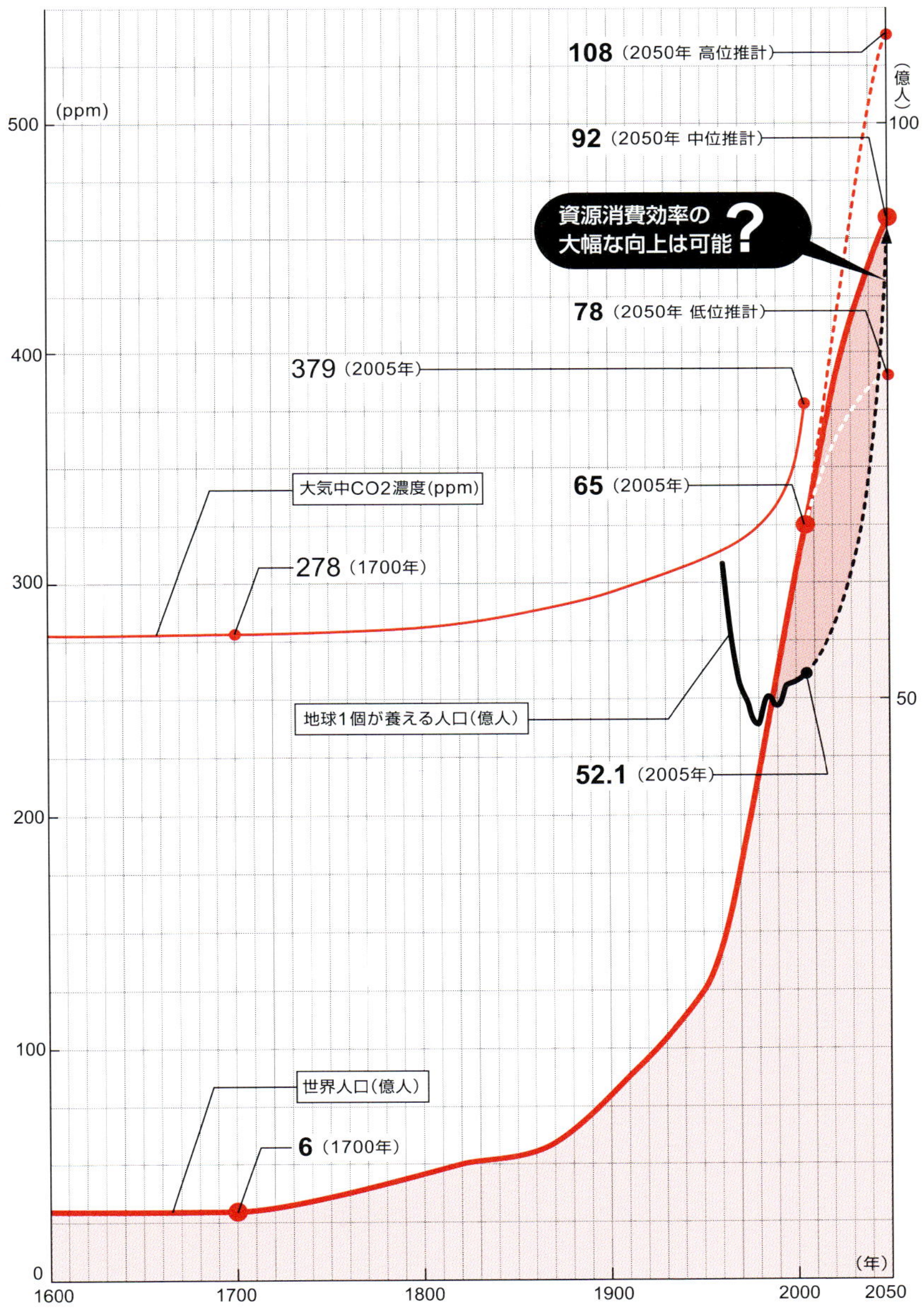

支えきれない?

高齢化率が約四〇パーセントという超少子高齢化社会となることが予想される二〇五〇年の高齢者を支えるために、日本人はどのくらい働かなければならないのだろうか。二〇五〇年における就業者一人あたりの年齢階級別平均収入が二〇〇五年と同じであると仮定して、二〇五〇年の全就業者収入を算出すると、二〇〇五年の約三五六兆円が約二六九兆円に減り、約二五パーセントの減少となる。一方で、二〇五〇年における高齢者が二〇〇五年と同程度の社会保障費を受け取ると仮定すると、二〇五〇年の高齢者向け社会保障費は、二〇〇五年の約四六兆円から約六八兆円へと約五〇パーセントの増加となる。つまり、収入に対する高齢者向け社会保障費の割合は、二〇〇五の〇・一三が二〇五〇年に〇・二五となり、負担が約二倍になる。逆に、二〇五〇年においても一五歳〜六四歳の世代が二〇〇五年と同程度の負担比率で高齢者を支えるためには、平均で約「二・四倍」の収入増が必要である。

注釈

■全就業者収入(二〇〇五年度):総務省統計局労働力調査・「仕事からの収入」データ(二〇〇五年度、年齢階級別)および総務省統計局・「年齢別人口」データ(二〇〇五年度)をもとに算出。

■全就業者収入(二〇五〇年度):二〇五〇年度における「仕事からの収入」(年齢階級別)が二〇〇五年度と同水準との仮定のうえ、国立社会保障人口問題研究所・「年齢別将来推計人口」データ(二〇五〇年度)をもとに算出。

■高齢者向け社会保障費(二〇〇五年度):国立社会保障人口問題研究所・「社会保障給付費」データ(二〇〇五年度)より六〇歳以上における高齢者一人あたりの社会保障費平均を約一七九・七万円と算出。これを、総務省統計局・「年齢別人口」データ(二〇〇五年度)による「六五歳以上の人口」に掛け合わせることにより算出。

■高齢者向け社会保障費(二〇五〇年度):二〇五〇年度における高齢者向け社会保障費が二〇〇五年度と同水準との仮定のうえ、国立社会保障人口問題研究所「年齢別将来推計人口」データ(二〇五〇年度)による「六五歳以上の人口」に掛け合わせることにより算出。

就業者収入に対する高齢者向け社会保障費の割合（2005年と2050年との比較、日本）

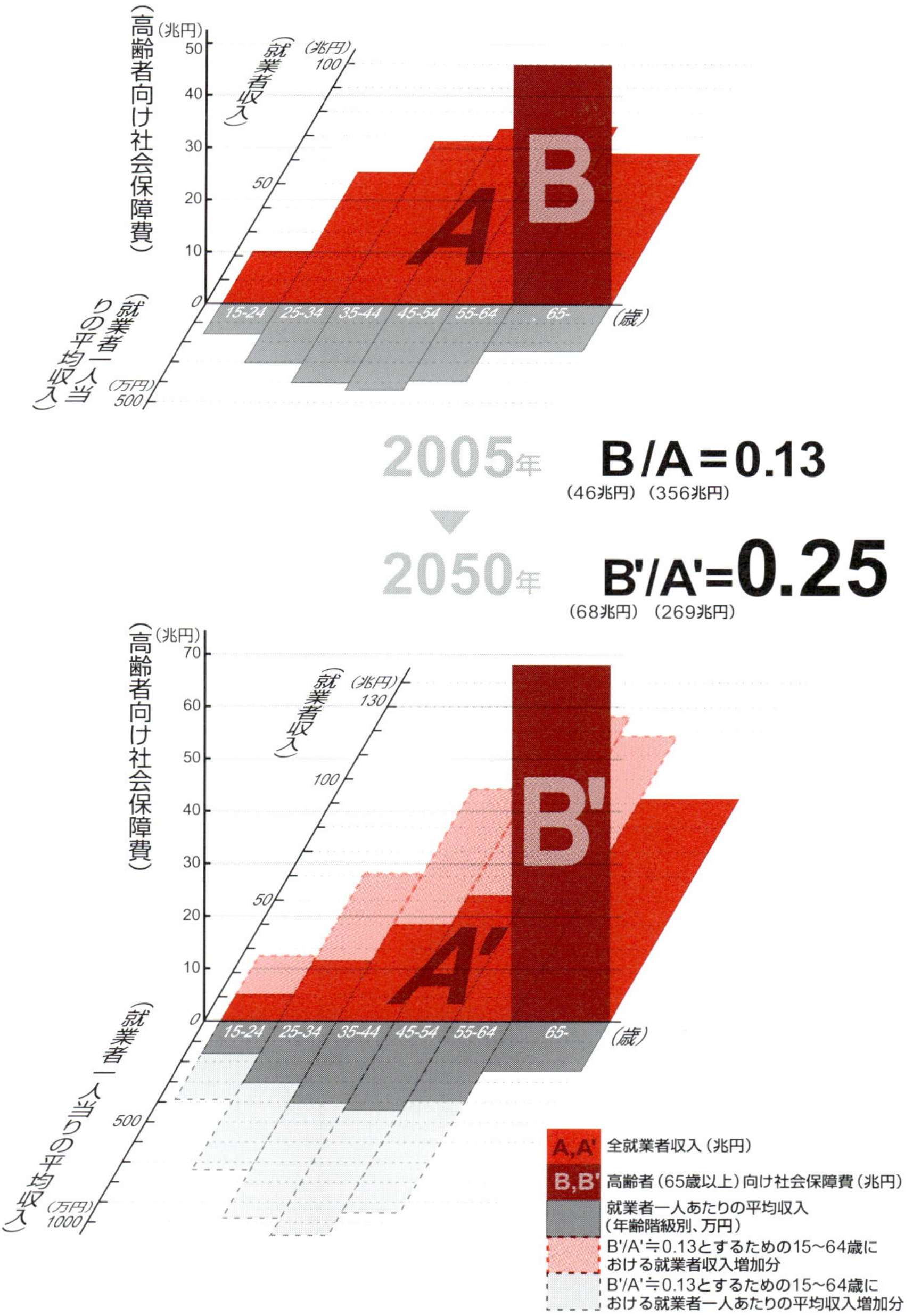

地価に見る格差

地価を通して東京と地方の格差を見てみよう。まず、東京圏と地方圏の格差を住宅地地価で見ると、昭和五二年（一九七七年）では約四・二倍であったが、バブル景気でこの格差は一気に広がった。その後、格差は一時縮小傾向にあったが、ここ一〜二年は東京圏の地価が上昇に転じる一方で地方では下落傾向にあるため再び格差が拡大し、現在は約五・七倍である。一方、地方の都心の低迷は商業地の下落に表れ、住宅地に対して昭和五二年（一九七七年）では四・四倍あった価格差は今や二・七倍にまで接近してきている。

注釈

■平成一九年都道府県地価調査における圏域別・用途別平均価格表中、東京圏と地方圏について平成一九年の住宅地、商業地の価格をベースとし、都道府県地価調査対前年変動率（一九七七年〜二〇〇七年）に基づき、それぞれ実際の平均価格を求めてグラフ化した。

出典

■「平成一九年都道府県地価調査」国土交通省

■「市街地価格指数　平成一九年三月末現在」財団法人日本不動産研究所

東京圏と地方圏の地価推移

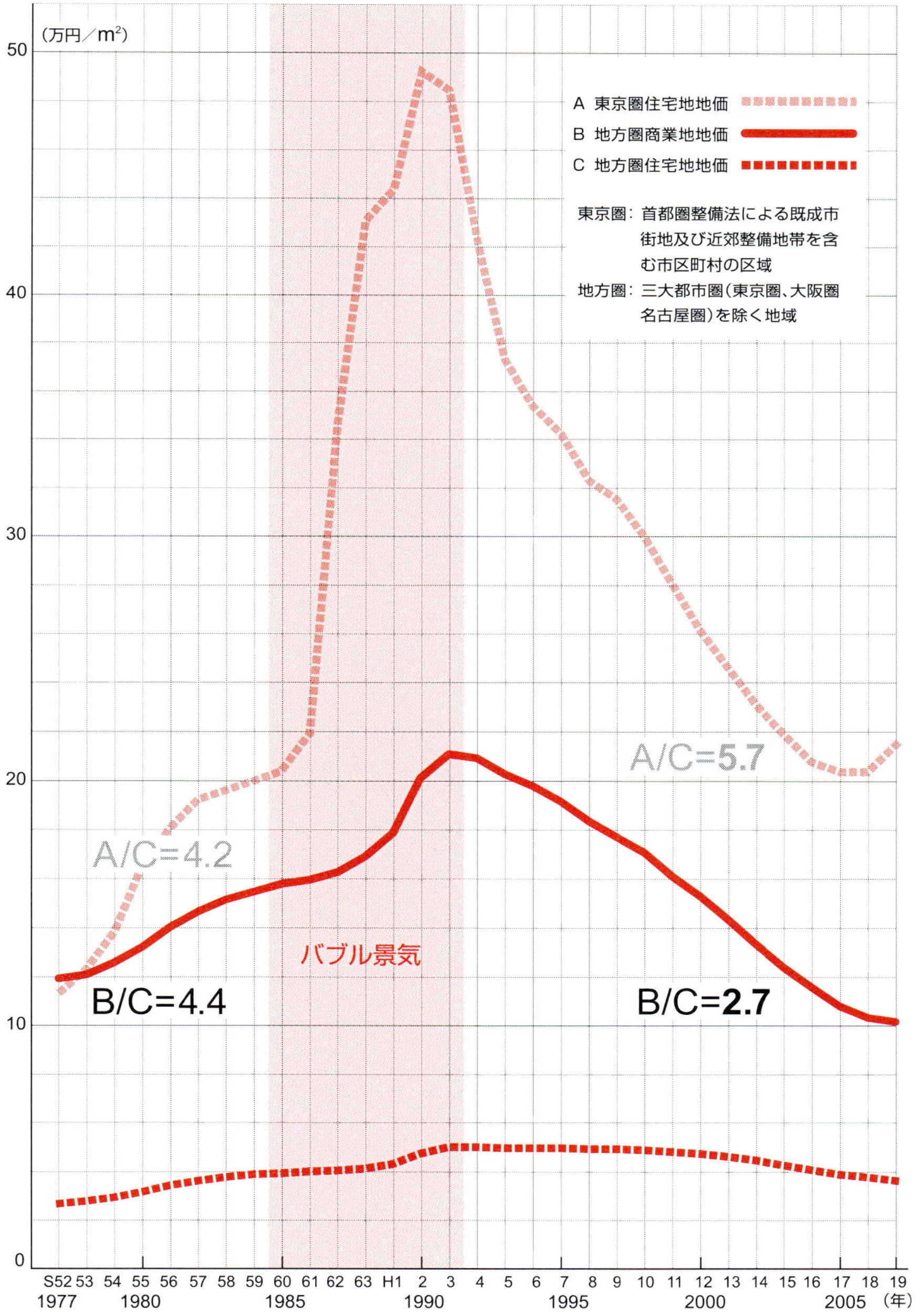

fibercity

第一部 対談

対談1

竹内直文 × 大野秀敏
Naofumi Takeuchi
Hidetoshi Ohno

二一世紀の都市デザインの課題

竹内直文（たけうち・なおふみ）
財団法人民間都市開発推進機構常務理事。一九七五年東京大学工学部都市工学科卒業、同年、建設省に入省、二〇〇一年国土交通省都市・地域整備局 街路課長。〇三年同 市街地整備課長等を歴任。その間、沼津市助役、埼玉県新都心建設局長等地方公共団体にも勤務。国土交通省 大臣官房技術審議官 都市・地域整備局担当を経て、二〇〇八年より現職。

大野――僕は建築の設計を中心に活動していますが、都市デザインの周辺にも長いことかかわっています。僕たちが学生のころ、デザインサーベイという調査がはやっていて、歴史家とか建築家とか、いろんな方が集落とか古い町並みの実測調査をして、建築の雑誌に発表していました。一九六〇年代末には妻籠の保存運動が本格化し、七六年には日本で初めてまち並み保存地区（重要伝統的建造物保存地区）に指定されるんですね。世界的にいうと、六八年ころというのは学生紛争の時代ですが、モンパルナス・タワーの出現で物議を醸し、パリ都心でのモダニズム流の都市再開発をストップしたのもそのころです。これはモンパルナス駅の上に超高層オフィスをつくるというアテネ憲章そのままの再開発計画だったのですが、これがきっかけとなって、以降は大規模な開発はラ・デファンスに集中させ、旧市街は保存する方向に転換します。六八年は、ある意味では戦後の思想史の大きな転換点ですが、都市デザインのうえでも大きな転換点になっています。

建築学科にいるわれわれも当然そういう動きを感じ取って、卒業設計でも、同級生の太田純穂は、九段の旧近衛師団司令部庁舎（現東京国立近代美術館工芸館）の改修をテーマにしました。僕たちの前の世代まではメガストラクチャーをドーンとつくる計画が多かったから、たぶん卒業設計では初めてのリノベーション計画だったのではないかと思います。私も、卒論で「デザインサーベイの研究」を書いています。

そのころ、大学には芦原義信先生がいらっしゃって、のちのことですが、先生が退官を機に書かれた『街並みの美学』*1は都市政策にも大きな影響を与えて、「街並みの美学」という言葉が建築界を超えて世間に広がっていくきっかけになりました。芦原先生はずっと「外部空間の構成」がテーマだったんですね。要するに私は公共空間をどうつくるかという薫陶を学生時代に受けて、それから槇文彦先生の事務所に勤めました。入所して、二年目に東レ財団の研究委託で、のちに『見えがくれする都市』*2として出版されることになった研究のチームに入れていただきました。それが七八年ごろですね。

八八年から大学で研究室をもつようになりまして、建築学科のなかでアーバンデザインを担当するという芦原先生から槇先生に続くポジションを継承して、僕は卒論でも修論の指導でも「都市と建築」をテーマにするということでずっとやってきています。

そうやって都市に、片足を突っ込んだようなかたちでかかわってきて振り返りますと、丹下健三先生の「東京計画1960」以来、スケールの大きい話を誰もしなくなっている。といって東京都がビジョンをもっているわけでもない。そんなことが気になっていましたが、自分ひとりでつくるのもなかなか難しいなと思いつつ月日が流れていきました。そんななかで、二〇〇〇年になったころ、人口減少がそうとう深刻らしいということに気づく機会がありました。少し勉強してみると、これは社会が大きく変わりそうだと気づいたんですね。そのころになると、都市の形態はほとんどデベロッパーが決めているといってもよいような時代になっていました。再び建築家や都市プランナーの出番がくるかなと思って、今回の計画に至ったと

*1 岩波書店、二〇〇一年
*2 SD選書一六二、鹿島出版会、一九八〇年

いうのが、私と都市のショートヒストリーです。

行政官として都市計画を考える

竹内――私は一九七五年に都市工学科を卒業したんですが、当時は丹下先生が最終講義をされたころで、大学で習ったのは今から思えば古典的な都市計画です。それでも都市計画というのはおもしろそうだなと思って就職先を考えていたら、都市工学科には建設省出身の先生方がおられて、「都市計画は国がやるんだ」とおっしゃるので、半分だまされて建設省に入りました(笑)。

爾来三〇年余、相当期間を都市とかかわる分野で仕事をしてきましたが、振り返ってみると、この三〇年間に行政制度としての都市計画に関してとても大きな変化があったように思います。特にここ数年は、そのなかでもいちばん大きな政策転換が求められる時代状況になってきたというのが実感です。これはどういうことかというと、先生もご指摘されているように人口の減少局面に入ったということからくる変化ですね。この話に入る前に、ここ三〇年ほどの都市計画行政の変遷を私なりにおさらいしておきたいと思います。

私が就職した七五年はまだ高度成長が続いていた時代でしたから、当時は都市にどんどん人口が集中する、ほうっておいたらスプロールで不良市街地が郊外に広がってしまうという状況で、増加する人口をどのようにしたらうまく都市に収容できるか、というのがもっぱらの課題でした。今の都市計画法は六八年につくられたのですが、その時に初めて市街化区域と市街化調整区域のいわゆる「線引き」の仕組みが導入されました。これは簡単にいえば膨張する都市にたがをはめようというもので、当時としては画期的なものだったと思います。昭和五〇年代初頭の都市政策は、この線引き制度を前提にして市街地の無秩序な拡大を抑えつつ、先行的に基盤整備をして計画的に市街化を誘導するということが中心でした。そのころは都市の成長圧

●竹内直文

力に押されて、既成市街地の改善にはなかなか手が回らなかったと思います。

そうこうしているうちに、一生懸命に基盤整備を進めても都市化のスピードにはついていけず、既成市街地の環境悪化が懸念されるようになりました。たとえば田園調布とか成城学園のような高級住宅地で相続に伴って土地が細分化されていったり、インフラ整備が不十分のまま市街地の高密化が無秩序に進み、環境や防災上の問題が顕在化するようになりました。こうした問題に対応するためには、ミクロレベルでの建築の動きをきめこまかくコントロールする必要があるわけですが、それまでの都市計画制度ではそうした手段が手薄だったので、地区計画という制度が初めて創設されました。八〇年ごろの話ですが、これも大変画期的な制度改正でした。しかし全体の流れとしては、人口や諸機能が集中し増加する大きなうねりのなかで、都市をどうやったら上手に成長・発展させることができるか、という問題意識が基調としてありました。

ところが現在では、人口はもう増えないし、都市もどんどん大きくなるようなことはない、という状況になってしまったわけで、六八年に画期的だった線引き制度も、市街地の拡大にたがをはめるという意味はなくなってきたかもしれません。用途地域にしても建物を建てるときに初めて用途規制がかかるわけですから、建築が動かないかぎり土地利用も変わりません。それに市街地整備の事業制度も人口減少下では今までどおりには使えなくなります。たとえば再開発とか区画整理という手法がありますが、前者は高層化で床を生み出してその床を売った金で建築費をまかなう、後者は減歩で土地を生み出してそれを売った金で基盤整備するというのがこれまで一般的な事業構造でした。しかしこれは、あくまで床なり土地の需要がどんどん増えるというのが前提ですから、人口減少時代では違う事業の組立て方を考えなければなりません。

要するに今後は、規制誘導型の土地利用コントロールにも頼れない、まちづくりの事業手法もそのままでは使えない、したがって今までの制度や仕組みを抜本的に見直さなければならない、という大変な時代になったと思います。しかしそれ以上に私が問題だと思うのは、人口が減っ

●大野秀敏

てくる、都市化が鎮静化するという状況のなかで、われわれの都市の将来の姿はどうなるのか、それから目指すべき都市像はいかにあるべきか、ということについて、考え方やイメージが共有されていないのではないかということなんです。

もちろん都市の将来ビジョンやマスタープランが大切だということはこれまでもずっといわれ続けてきたことでして、新都市計画法をつくったときに不完全ながらそれを制度として取り入れたし、その後、数回にわたりマスタープラン制度の充実がなされてきています。しかしそれでも現実には、マスタープランや将来ビジョンがしっかりつくられていたり明示されている都市はまれだと思います。たぶん、右肩上がりの時代はマスタープランが多少いい加減でも都市はそれなりに成長し、収まるところに収まるというところがあって、あまり支障なくやってこれたのではないでしょうか。

ところが、人口が減って土地も余ってくる、都市も縮退するというこれからの時代では、将来都市像が明確でないと、右肩上がりの時代以上に大きな問題になるのではないかという懸念をもっています。今こそ、将来われわれが目指すべき都市の姿、空間の形というものをみんなで考え、議論し、共有することがとても重要ではないかと、役人生活の最後のころになって心配になってきたところです。そういう意味で、大野先生の「ファイバーシティ」は、こういう大事な時期にまさに時宜を得た提案を世の中に出していただいたものだと思っており、これを土台にして幅広い議論がわき起こり深まることを心から期待しているんです。

行政官から見た「ファイバーシティ」の特徴

竹内——先生の「ファイバーシティ」には知的刺激にあふれた提案がちりばめられており、非常に感銘を受けましたし、読んでいてこれまで自分が頭の中で漠然と思っていたことが大分整理できたような気がします。都市ビジョンとしての「ファイバーシティ」の現代的意義は、私なりに整理すると大きく分けて三つ指摘できると思います。

まず一つは、現在から将来へとつながる「時間軸」を埋め込んで都市のビジョンを提示しているということです。これまで都市ビジョンの議論がなかなか盛り上がらなかったのは、それがふつうは将来のある時点のスタティックな都市の姿を示すだけで、実現手段や手順が説明されていないことが多かったからだと思います。ところが、「ファイバーシティ」で大野先生は将来の姿だけを示しているのでなく、その実現のために当面やるべきことを具体的に明示していて、そうした実践の積み重ねの結果として将来像が見えてくるという構造になっています。現実に行動をおこせそうな小さい単位の取り組みが提案されていて、その集積や連鎖の結果として全体像が実現するというかたちになっている。つまり、現在から未来に向かう道行きとセットで将来像を描いていると思います。「あらかじめ決めない都市計画」というのは、現在から将来への変化の累積として将来像をとらえていることだと思うのです。これまでのマスタープランは、まず将来像を描き、次にそれを実現するためのプログラムをつくる、あるいは全体像をまず書いてからそれをブレークダウンした地域別計画をつくるというのが一般的でした。「ファイバーシティ」は「現在」を起点としたベクトル、あるいはファイバーという要素を起点にベクトルを示し、その終点方向に将来像や全体像を置いて、要素のベクトルと将来像をセットで全体を都市ビジョンとして提示しているという立体的な構造であるところが大変画期的だと思います。刺激的な表現の「脱・父親殺しの都市計画」というのも、過去の歴史の蓄積を素直に継承すべしということだろうから、過去から未来へ続く連続的な時間軸を踏まえて、将来都市像を描くという思想が「ファイバーシティ」の根底にあるのではないかと勝手に思っています。

マスタープランといえば、私の学生時代や役所に入ったばかりのころは、先生や先輩に「都市計画というのは少なくとも二〇年先を見て決めなければならない、二〇年か三〇年先の都市像をきっちり描いたうえで、今何をやるかということを考えろ」とよく言われました。マスタープランが大事だということは都市計画のイロハのイの常識でした。しかし法定都市計画のマスタープランでは将来都市像というのはなかなか描ききれない、たいていの場合、あいまいで当たりさわりのないものになっています。実現手段が連動していなければマスタープランはただの絵にすぎず、一方、実現手段とセットで決めるとなると今度はいろいろな土地所有者に利用の制約を加えるようなことは簡単に決められないし、施設整備にしても資金の手当のめどがなければ描けません。結局あってもなくても同じような実効性のない絵になりがちなのです。

プランナーが理想像を描いて、みんながその実現に向けて一生懸命がんばればいつかいい都市ができ上がる、というのが都市計画に対する古典的なイメージだったと思いますが、少なくとも私が役所に入った昭和五〇年代の半ばころまでは、行政プランナーがあるべき姿を描き、行政がさまざまな制度や事業を動員して手を打っていけば、民間の土地利用はそれについてきて最後は予定調和的にいい都市ができ上がる、という感覚がまだ残っていたような気がします。しかし、戦災復興や震災復興のように焼け野原のようになったところとか、ニュータウン開発や埋立て地・工場跡地での計画ならともかく、既に人が住んで活動している街に対しては、土地所有者に大幅な利用の自由を認めているわが国の法制度なり社会通念から見て、事はそう簡単ではないし現実的でもなく、マスタープランがほとんど無力の場合もあるわけですね。

マスタープランの限界が意識されはじめたのが八五年前後だと思います。当時二つの大きな流れがありました。一つは都市内で工場や倉庫などの産業用地が空いてきたことです。重厚長大産業がより生産コストの安い場所を探して東南アジアなどに出ていって、それまで大都市にあった産業用地が空洞化してきました。もう一つの動きは八八年の国鉄の民営化で、それを契機に全国の主要都市の駅周辺で車両基地や貨物ヤードなどの鉄道用地がたくさん空いてきた。つまり、都市部でスポット的に大量の遊休地が発生してきたのです。折しも当時はバブル経済の入り口で、東京一極集中の激化とそこから波及した全国的な土地価格の高騰の嵐が吹きはじめたころです。当然経済原理から、そうした遊休地を使って都市開発を進めようとする大きな動きが出てきたわけです。そこで問題となるのは、スポット的な土地利用転換の動きと既定のマスタープランや都市計画との齟齬です。

たとえば準工地域で容積率二〇〇パーセントの工場用地が空いたからオフィスビルを建てたい、だから商業地域の五〇〇〜六〇〇パーセントに変更してもらいたい、というような要請が地主や関係者から出てきます。しかしもともと工場や鉄道ヤードだったところなのでふつうは道路などのインフラも不十分だし、場所的にも業務や商業機能の立地は考えていなかった、というようなことがあちこちで出てきたのです。要するに、今までの行政プランナーが想定しなかったような場所で、全体の都市構造にも影響を与えかねない大規模な土地利用転換の動きが突発的に出てきたというわけです。こうした動きを都市計画としてどう受け止めるかということが議論され、今度は再開発地区計画制度がつくられました。簡単にいうと、これは既定のマスタープランや全体の都市施設や土地利用計画を変えずに、都市計画の部分的修正を可能とする制度を創設したものです。再開発地区計画を使えばベースの用途・容積規制にかかわらず用途変更や容積の上乗せができるのです。

先ほど述べた地区計画制度は、あくまで既定のマスタープランなり全体の都市計画の範囲のなかでブレークダウンした詳細な計画を定めるような考え方でしたが、再開発地区計画は個別地区の計画変更を大幅に許容し、結果的に都市構造が変わることもありうるという思想です。ですから再開発地区計画というものは単純化していえば、マスタープランをベースにして詳細な計画をブレークダウンしてつくっていくという古典的な都市計画思想とは異なり、全体像はあまり気にせずに地区単位で計画の整合性を確保しつつ、個別の土地利用転換を積極的に誘導するという仕組みなのです。この再開発地区計画制度を皮切りに、個別地区で脈絡なく発生してくる土地利用転換の動きをどう誘導・制御するかという課題に行政が追われる時代が、最近まで続いてきたように思います。

その最後の段階はいわゆる都市再生です。小泉内閣が二〇〇一年に誕生してすぐ都市再生本部がつくられましたが最初のころは経済政策の色彩が強く、都市計画というものは自由な民間活動を縛る規制ではないか、だから都市の経済の活性化のためには規制緩和が必要だ、という風潮が一気に広まりました。なかには都市計画を部分的に白抜きにする仕組みを主張する人たちもいましたが、最終的には特区制度が導入されて、ベースの都市計画規制をいったん白紙にしてから都市開発を前提にしたスポット的な計画を新たに決めることができるようになりました。

こういう状況がずっと続いてきたので、都市のマスタープランは大事だ、ビジョンを共有するのが大事だといわれ続けながら、実効性のあるマスタープランをつくる努力があまりされてこなかったのが現状であるという感じがします。別の見方をすれば、しっかりしたマスタープランをつくって、それに基づいて都市づくりを進めるという取り組みや姿勢がおろそかにされたのかもしれません。たしかに変化の激しい時代には、スタティックな絵をいくら描いても具体的な土地利用コントロールや基盤整備と連動しないかぎり、それは画餅になる。個別地区の現在の具体的な動きが将来にどうつながっていくか、というところまで説明できるものでないと、ビジョンの意味がなくなってしまいます。

ところが、「ファイバーシティ」の場合は、まさしくそこがつながっているように見えるんですね。必ずしも全地域を網羅しているわけじゃありませんが、いくつかの場所で大胆に思いきった提案がなされていますよね。それが連鎖して、集積していくと全体としてこんな姿になるんだということがわかるようになっているところが重要なポイントだと思います。

二つ目は「線分」という概念ですね。「点」ではだめだ、「面」で考えろという話は都市計画ではよくいわれます。都市構造の議論では、都市軸といった概念も使われますが、「軸」も線というより面がある方向に連続している、つながっているという概念だと思います。しかし線分というのは切れていてもいいということですね。これは今までの都市計画の方法論をアウフヘーベンしたようなユニークな概念だと思います。面とは違う線を、それも切れ切れの「線分」を計画の単位なり空間認識の単位に置く視点は、たぶん今までなかったと思いますが、日本の都市の道路と市街地形態との関係を考えれば、むしろ実態に合っているような気がしてきました。

「ファイバーシティ」の三つ目のポイントは、都市の交通やモビリティの問題を空間の議論と一緒に考えているという点です。古典的な都市計画というのは道路と土地利用の絵があって、もちろん交通流動を予測してちゃんと処理できるように考えていますが、それは日単位で交通量と道路容量が整合しているというレベルです。都市のなかで人が常に流動しているという意識が希薄であり、空間計画と連動していません。しかし実際の都市というものは、たとえば東京などを考えれば、昼と夜の人口が大きく違うし、朝と夕方にものすごい量の人口移動がありますす。昼もみんな動き回っているから仕事も生活も成り立ち、経済も回るわけです。これまでも土地利用計画と交通計画の連動が重要という議論はありましたが、モビリティと都市構造や空間形態との連携という視点は計画論から抜けていたかもしれません。移動の自由が現代都市を成立させる基礎的条件という先生のご指摘はまさに本質を突いており、「構造力学」から「流体力学」へという「ファイバーシティ」の提案は目から鱗が落ちる思いです。

都市計画で環境・資産を保全する

大野——たぶん竹内さんが、私たちの提案を世界中でいちばんきちんと読まれていて、われわれが考えたことを一二〇パーセント理解していただいた唯一の方じゃないかという気がして（笑）、ひたすら感謝しています。

さっき建築家にも出番があるかなと思った、と言いましたが、建築家的にかなり直感的にやっているところがあります。今のお話を伺って改めて整理できたのですが、第二次大戦後、日本の都市も経済も、ものすごい勢いで変化してきた。われわれプランナーとかデザイナーが都市にかかわろうとしても、相手が巨大すぎるし、奔流が強すぎて、濁流のなかで逆に歩もうとしているようなものだったので、建築家の分際ではとても太刀打ちできないと戸惑っていたのだということになります。ところが、明日は今日より少ないという縮小の時代になると、今まで押し寄せてきた津波が引きはじめているわけです。今度は物の増加はないから、知恵の増加を考えるしかない。そういう時期だから、われわれの出番かなと思ったのでしょうね。

竹内——同感です。全体としては土地も住宅も余ってくるはずなので、うまくやればたぶんそれぞれの住宅の面積も広くなるし、居住環境もよくなるはずですね。だけどほうっておいたらどうもそうなりそうにない、というのが今の問題だと思います。

大野——そうですね。日本は、都市計画に限らず、将来をきちっと思い描いて何かをやるということが下手ですよね。考えなくても、まあまあうまくいってきたから。

竹内——まあ、右肩上がりの時代だったのでみんながそれぞれよくなるようにできたからかもしれません。ただ一般的には当面の課題を片づけることがいちばん評価されて、将来のために当面の不利益や抵抗があることについては、本当にやらなければならないことであっても避けてしまうというところが行政としても政治としてもありがちじゃないかと思います。右肩上がりでなくなってくると、いったん失敗したら取り戻すのにひと苦労するようになるでしょうから、そういうところは大いに心配になります。

大野——政治は特にそうですね。

竹内——そういうなかで最近実は期待できるのではないかと思っているのが、土地や建物を持っている方々の意識の変化でして、自分たちが住んでいるところを終の住処として大事にしていこういう動きがずいぶん見えるようになってきたような気がします。まちづくりの現場で、地元の方々と話すときに、「こうして将来のことを考えてまちづくりを進めれば、皆さんがたの土地の価値は下がりませんよ」とか、「こうしていい環境を守るようにすれば、お子さんがたが他所に出ていっても、きっと戻ってくるようになりますよ」というような話がやっと説得力をもつようになったかなという感じですね。

大野——そうですか。そういうふうに変わりつつあるなと感じられていますか？

竹内——ええ。たとえば数年前に金沢市の郊外で区画整理事業により新しく住宅地が整備されたところがあります。組合施行の区画整理ですので地主さんがたが共同でまちづくりをしたわけですが、金沢ではあちこちで同様の住宅地開発が行われており将来は土地も住宅も余ってくる、そうすればきっと競争になる、とみんな考えたわけです。そこで他の地区に負けないようにいい街をつくらなければならない、街の価値を高め、そしてそれをみんなでずっと守っていくようにしよう、という動きが行政側からではなく地主さんから出てきたのです。そこで皆さんがいろいろ勉強して、色彩・意匠に関して制限をかける地区計画を決めたり、区画整理でつくった道路からさらにセットバックして緑地を生み出すなど、通常よりずっときれいな街並みを実現させました。区劃整理事業が終わったあとも、たとえば新たに誰かが店舗を建てようとするときには、みんなで確認してからでないと認めないようなルールを決め、地域全体で環境が悪くならないように街を守っていくことにして、そのためのNPO組織までつくってしまったのです。

こういう動きがあちこちで出てくれば街はいい方向に変わってくると思います。地区ごとに街の更新が進めば、そのうち都市全体の質がどんどんよくなっていくと思いますね。

大野——最初のほうにおっしゃった、行政が遠い将来を考えるべきかどうかというのは、立場上けっこう難しい問題があるような気がしますが、都市計画を担うのが行政しかないということのほうがむしろ問題ではないでしょうか。行政は現実的な利害調整をきちんとしていただくほうがいいのかもしれませんね。

竹内——これは都市計画のそもそも論になりますが、都市計画というのは調整だけでいいのかという問題ですね。私は都市計画の原点は利己主義なり地域主義でいいと思っています。まず自分の家をよくする、自分の庭をきれいにする、というところから出発する。でもそうするとやっぱり隣の家もきれいになってもらわないといけない、街並み全体が整ったほうがいい、だけどごみ焼却場が自分の家の近くにきてはいやだということになるわけです。しかしごみ焼却場は都市のどこかに必ずつくらなきゃいけないわけですね。それはみんなで話し合って決めなければならないから調整の仕組みが必要になります。その調整結果を行政が裏書きし制限をかける仕組みとして、都市計画というものが存在意義をもちます。これは建築協定の発展形のようなものであるかもしれない。

しかしここで、調整だけでいいのかという根源的な疑問が出ます。個別の動きの調整だけじゃなくて、都市全体をこういう方向に変えていくべきだというビジョンを示して、それに基づいて場合によっては私権を制限するということが相当程度必要ではないかと私は思っています。ただ現実には、このように全体を考える視点から個の権利制限をどこまでできるか、というのがわれわれ行政サイドが常に悩むところですね。

大野——なるほど。今おっしゃった利己的でいいという話は、たとえば都市でみんなが勝手に建てると、そのうちみんな日当たりが悪い、環境の悪いところになってしまうから、調整することによって初めて合理的な環境レベルを維持することができる。利己的な利益を最大化するために調整をしないといけないということですね。

竹内——そうですね。

大野——そのあたりは、近代都市計画の生まれた欧米諸都市の場合は、階級的な利益というのが強いようですね。たとえば中産階級が自分の住宅地の資産を保全したいから、ありていにいうと貧乏人には来てほしくない、だから土地が細分化されるといやだとか、そういう資産保全の意欲が非常に強く出ていますね。ところが日本ではそれが比較的働かなかった。

僕がいつも思うのは、東京のいちばん大きな特徴はお金持ち街区がないことです。諸外国に行くと、どんな都市にも豪壮な住宅が並んでいる地区が必ずありますが、東京では豪邸が一軒か二軒あっても、その隣にはアパートがあったりペンシルビルがあったりというようなところが普通ですね。ある意味では、非常に民主的な街だといえますが、半面、都市計画に期待するところが非常に少なくて、都市計画で環境をつくっていくということの意義があまり認識されないまま今に至っている。

そういう意味で、これから縮小時代になると、先ほど竹内さんがおっしゃったように、「ほうっておくと価値が下がる。ここで何か工夫するとマイナス8になるところがマイナス5ぐらいに押しとどめられるかもしれない」といえるタイミングだろうという気がしますね。

地方都市再生のために発想を転換する

竹内――まったく同感です。だから今こそ、大野先生の「ファイバーシティ」のように、都市全体の空間構造としてこういうかたちが望ましいというような提案が本当に求められているんじゃないかと思うんですね。行政側のそれに近い議論として四、五年前から国土交通省では、将来の都市構造として、コンパクトな市街地、あるいは集約型都市構造を目指すべきではないかということを言い続けています。これは例をあげると駅周辺などに人口や機能をできるだけ集約させて、自動車を使わずに徒歩だけで、あるいは徒歩と鉄道を乗り継いでほとんどの移動ができるようにする、というような概念です。わかりやすくするために「コンパクト」という言葉を使って、イメージで示そうとしているわけですね。

ただ私が懸念しているのは、「コンパクトシティ」というのは都市ビジョン、都市像であると誤解されるところがありまして、都心から一定の範囲で高密な市街地をつくって、その外は都市開発を認めないというようなイメージでとらえられることがあります。だからコンパクトシティというのは郊外切り捨てであるとか、大都市では無理ではないか、といわれることがありますが、そうじゃない。コンパクトシティというのは、思想といいますか、一人一人の視点に立ってその住まい方とか活動の仕方をどのように変えていくかという方向性を示す概念としてとらえていただきたいなと思います。

大野——コンパクトシティというのは、必ずしもコンパクトな形態を求めてないと?

竹内——私は大事なのは考え方だと思います。結果的に市街地の密度にメリハリがつき、人の動きもコンパクトな行動形態になるということです。現在の日本の都市は低密に広がってしまっていますが、今後は人口は減っていくのでこのままほうっておくと全体がますますスカスカになって、目玉焼きでいうと黄身の部分もへたったような状態になってしまう。それを、まわりの白身のところはより薄く、真ん中は黄身が盛り上がったきれいな目玉焼きのかたちにしていくというのが基本で、場合によっては公共交通軸上に黄身の塊が団子のように並んでいることもある、というイメージです。歩いて駅に行けて、電車に乗ればずっと遠くまでも行くことができる、そういう生活パターンができるのもコンパクトな都市じゃないかと思っています。

大野——僕たちが東京で考えたのもほとんど同じですね。これは大都市ではうまくやればできそうな気がします。ところで、地方都市で、既に相当拡散していて、むしろ実態としては周辺部のほうが商業活動も活発というようなところはどうなんですか。

竹内——都市の成り立ちからすると道路沿いに比較的集積が進むことも多いので、鉄道がなくてもある程度線形に都市ができているケースではそこにバス路線でもあれば今の話に近いですね。しかし大抵の地方都市では市街地が拡散して昔の中心街がしだいにさびれていき、一方で郊外のバイパス沿道で商業やサービス機能の立地が進んで拡散傾向がさらにひどくなる、というのが一般的だと思います。地方都市の場合は、大都市と比べて特に街なかの空間像に関してあるべき姿が見えてないところがあります。街なか居住、都心居住が大事だと青森市でも富山市でも一生懸命がんばっているのですが、今まで地方都市の街なかで建てられた集合住宅はというと、東京と同じような形で、タワーマンションまで同じように建ったりするわけですね。

大野——地方都市の場合、なんとか銀座が必ずあって、最近になると県庁所在地には必ず超高層ビルの一棟や二棟は建っているというような状態で、いつも東京のミニ版になっているわけですね。住宅地でも、地価が安いのに東京と同じように分譲住宅地の規模が縮小していって、私がよく行く富山県でも電車から見ていると、外壁が隣家とくっつきそうな大都市にあるような高密の住宅地を見かける。そんな状況で地方都市と大都市が競争すると、地方都市は圧倒的に弱いですよね。だから、地方都市はそろそろミニ東京志向を断ち切らなきゃだめだと思いますね。たとえば地方都市に行くと、二〇〇〜三〇〇坪の土地が普通のサラリーマンでもすぐ買えるというのであれば、地方都市も選択肢として残ってくると思うんです。

竹内——そうですね。青森市や富山市ではコンパクトシティを目指したまちづくりを進めていますが、富山市ですと中心部の繁華街の周辺ではぽつぽつと土地が空いてきている。そうした空地を全部合わせれば相当のボリュームになるんですが、一つ一つは小さかったり散在しているし、空いてくる時期が違うので、なかなかまとめては使えないという実態があります。だから、街なかでバラバラに出てくるこうした空地を上手に活用できるかどうかが大事なところだと思うのです。建替えの動きが出たときにそのタイミングをとらえて、近くの空地や周囲の土地を取り込んで共同化したり、協調建替えをしたりすることをぜひ工夫すべきだし、できれば空地を集約したり建物更新と併せて空地をつないで緑のパーティションにしていく、といった小さな改善を息長く積み重ねていくような仕掛けができたらいいな、と思います。そうすれば建物の更新が進むにつれてまちもだんだんよくなっていき、もともと街なかの便利なところなので人口も増え、おのずとコンパクトな都市構造に変わっていくんじゃないかと思いますね。

大野——そうですね。年度をまたがって継続でき、しかも何も構築物をつくらないような計画も対象になるような、そういう制度があるといいですね。

竹内——そのときに建築サイドから、地方都市の中心部にふさわしい住宅のかたちをどんどん提案していただいて、それは戸建ても集合住宅もあるのでしょうが、とにかくその街に合ったいい建物を地場の設計事務所や工務店がつくっていくという世界になれば理想だと思います。

大野——そういうことができるといいと思いますね。

都市に住む価値というのは、必ずしも資産価値だけではないですね。こういう場所でこういうふうに暮らしたいというのは資産化できないところですが、今はなかなかそういうものを顕在化できないし、実現できない時代だと思うんです。

日本では古い建物を生かす、リノベーションなどが一般化していないということもありますね。たとえば民家が廃れていく。これは法的に保護するだけでは無理で、文化としてもそういうものを大事にして、なおかつ人々がカッコいいと思わなければいけない。ヴェネツィアのカナル・グランデと呼ばれる運河沿いの館は、ものすごく格式が高い。ヨーロッパで功成り名を遂げると、カナル・グランデの館の一つを所有するというのが金持ちの夢らしいんですね。新築するなんて滅相もない話で、年代物じゃないとだめなわけです。ところが日本で古い民家に住むというと、陶芸家とかうどん屋などのイメージしかないでしょう(笑)。たとえばポップミュージックで大成功した人が民家を買ってそこに住むというようなことが出てくると、それは全然違う評価を受けるようになると思うんです。

そういう文化ができてきて、地方都市がそういうなかで評価されるような仕組みができていくと、都市計画とか建築というのも、もう少しやりがいが出てくるんじゃないかと思います。

拡散型から集約型都市構造への転換イメージ

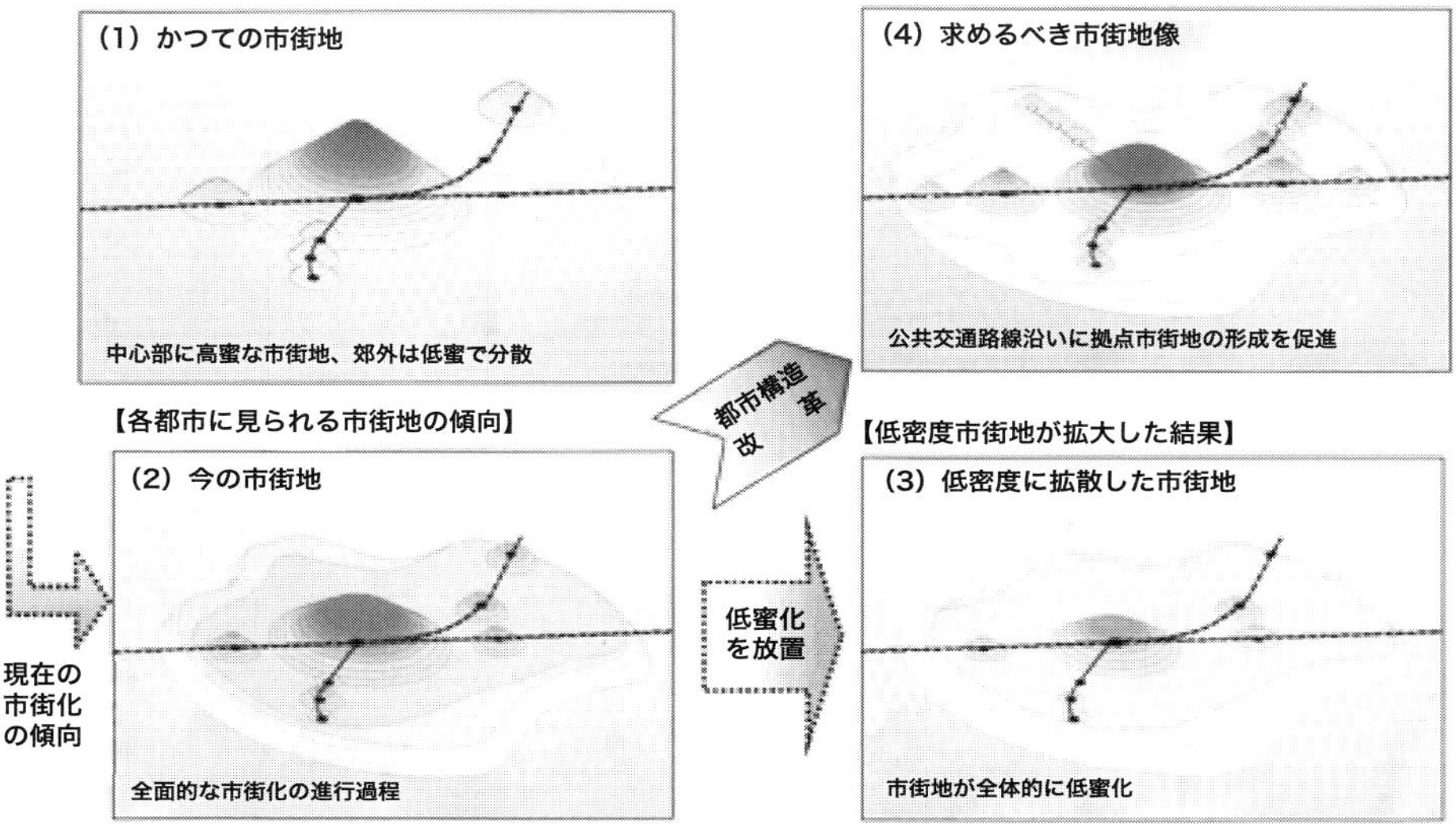

出典：国土交通省　社会資本整備審議会　都市計画・歴史的風土分科会
都市計画部会　都市交通・市街地整備小委員会
「集約型都市構造の実現に向けて」

これは一種の文化運動として盛り上げていくようなことをしないと、縮小のあとには日本はまったくだめな国になってしまう。もともと「経済一流・都市三流」「経済一流・政治三流」などといわれて、経済以外はだめな国だということになっていますが、その経済もだめになると、本当に三×三の九流国になってしまうかもしれない(笑)。

竹内——まさに先生がおっしゃるように、国民レベルの文化運動にしていかないと、日本全体が過去から受け継いだ大事な資産を失い、底の浅い国になってしまうという危険な状況かもしれませんね。行政制度としての都市計画には限界がありまして、これからもいろいろな制度改善はあるでしょうが、制度だけでは絶対よくならない。土地をもっている人、そこに住んでいる人たちが自分のところをよくしていくんだという意識をもたないかぎり、人口減少時代にまちは悪くなる方向にいってしまいやすいという気がします。だから文化運動というのは今の時代のまちづくりにピッタリの言葉だなと思います。

協働でまちをつくる体制の整備

大野——行政では課題として今どういうことを考えておられるんですか。

竹内——二〇〇六年にいわゆるまちづくり三法の改正がありまして、都市計画法もかなり大きな改正を行いました。ご承知のとおり、まちづくり三法というのは基本的には中心市街地の活性化を目的にしたものですが、今回の改正では、中心市街地対策だけでは限界があり都市全体の構造再編が必要であるという観点から、都市計画による土地利用コントロールをより強化したのです。この背景には人口減少時代になって都市構造は集約型にしなければならないという大きな流れがあるわけで、そういう意味で、人口減少社会に向けた都市計画制度見直しの第一歩を踏み出したということになります。それでは次に何を見直さなければならないか、ということを議論しはじめているところです。

その一つとして、地球環境問題に関して、都市構造はどうあるべきか、それは都市計画でどこまで対応できるかという課題があります。少しうがった見方をすれば、地球環境問題は今ブームなんですよ。ＥＵ諸国でも地球環境問題への対応が都市計画の根本理念のなかに組み込まれるようになってきましたが、わが国ではどうするか、という課題です。

大野——東京大学柏キャンパスもある、つくばエクスプレス沿線はけっこう森が残っていますが、みな私有地だし、森自体が何かに利用されているわけじゃないので、今の調子で開発されると、あの緑の豊かな環境があっという間に普通の郊外線沿線風景になってしまいそうです。あの森をうまく利用すれば、次世代に価値をつくり出す資産性が出てくると思うんですね。

竹内——そうですね。郊外の緑や農地も含めた自然的環境をどう保全し、活用していくか、ということも大変重要な課題の一つだと思います。右肩上がりの時代は農地を開発・保全する農業行政と、急速な都市化をコントロールする都市計画行政がお互いにせめぎ合っていた。どちらも拡大基調だったので攻め合って均衡点を見つけていましたが、今では農地も耕作放棄地が問題になるくらい余ってきたし、市街地も縮小してくるような状況になったわけでして、そうなると両方の行政の境界部分がどちらもなかなか手が回らない空白地帯のようになる恐れがあります。だから昔から議論がある「都市・農村計画」的な発想で、農地も市街地も緑地も含めて土地利用をコントロールするという仕組みが必要になってくると思います。

大野——今の農業は後継者がいないなど問題も多いですが、一方で法人化して自由参入ができるようになった。加えて食糧安全保障の問題もある。森林の保全を全部公費でまかなうのは難しいというようなことを考えると、これは同時に風景計画でもあるので、そこをコントロールしていくというのはかなり緊急の課題ですね。

つくばエクスプレス沿線の森も、地域でトラスト的に、地域の環境を保障している原資だと考えて保全するような、あるいは森林の所有者に対して、それで潤っているであろう宅地の所有者からなんらかの金銭的な還元がされるようなシステムができれば、森林所有者も保有し続けようというインセンティブが起こると思いますね。

竹内――将来、緑が近くにあると不動産が高く評価されるようになれば大きな意味があります。

大野――実は僕たちの柏キャンパスは、最寄り駅から遠いんですよ。二キロもある（笑）。六〇年代の法律のおかげで各大学が都心から追い出されましたが、これは都市にとってはダメージだったわけですね。ところが七〇年前に、西武グループの創始者である堤康次郎氏は学園都市という郊外開発のモデルを持っていたんですね。国立の街もその一つで、一橋大学が関東大震災を被災した後、当時の学長佐野善作の夢と一致してできあがった。大学がくれば地価が上がりますから、堤康二郎氏はそこらへんはちゃんと計算しているわけですね。さらに、男子学生だけでさびしいというので国立音大も誘致して、その国立音大に楽隊をやらせてまち開きをやったらしい。というぐあいに、まちづくりと大学ということで結局そこに文化をつくりますね。

そういう意味では、戦前のまちづくりに見習うことがまだあります。また、地方でおつきあいさせていただく方にも、高い見識をもった方がいろんなところにいますが、そういう方たちの意欲とか夢をうまくつなげて、育てていくことが今はできにくいところがありますね。

竹内――国としても少しはやってはいるんですけどね（笑）。そういうことをもっと応援しなければいけないとは常に思っています。

大野――やっぱり役所というのは限界があるわけです。大学だって教員のできることは限られているし、コンサルタントもできることが限られている。むしろそれぞれの限界のなかでいいチームワークをつくれるような、そういう方法論が必要だという気がしますね。そういう協働体制というのはとりにくいんですか。

竹内――意欲のある地域の方々を応援するうえで、専門家であるコンサルタントの存在はなくてはならないもので、特にこれからの人口減少時代には、さっきお話ししたような建替えを契機にした市街地更新のように、下から動かすまちづくりが大事になってくると思いますが、そういう現場の動きは役所だけでは絶対に対応しきれません。しかしそこで大きな問題は、そうした仕事をするコンサルタントの役割について役所側の理解が足りないし、制度・運用がしっかりしていないことです。まちづくりの活動というものは成果が目に見えて上がらなくても、例えば二、三年みんなで話し合って少しずつ話を固めていくというプロセスも大事な仕事ですが、そういう仕事で働いていただくコンサルタントに、ちゃんと対価が払われないことが多いと思います。コンサルタント費用の積算の問題だけでなく、コンサルタント選定も価格競争だけでやったりというぐあいで、知恵を使う仕事にきちんとお金を払うという意識と仕組みをしっかり充実させていかないと、全国のまちづくりの隘路になってしまいます。

大野——建築設計業だと、設計報酬は工事費に対する料率ですね。縮小の時代には余剰の施設が出てきますから、余剰施設を壊すというのも計画的には大事な選択肢なんですが、壊すと減価だから、ここは空き地にしておきましょうと言ったとたんに、設計料はゼロになってしまう(笑)。だけどそのまちにとっては、一〇〇億円の不要な施設をつくって、ゆくゆく維持費がかかって財政を圧迫するより、緑地をつくって不動産価値が高まると、市の財政にも貢献するかもしれませんね。そういうあたりから仕組みが変わっていくと、積極的に「これはつくるのはやめましょう」という提案ができる。たとえばプロポーザルで三〇〇億円のコンサートホールをつくるというときに、「このまちにとっては一〇〇億円ぐらいが適切です」という提案は、普通はありえない(笑)。やはり拡大していくときの作法と、縮小していくときの作法というのは、根本的に違うんじゃないですかね。

竹内——そう思います。本当に根本的に発想を変えないとうまくいかないと思いますね。

(二〇〇七年六月一日　秋葉原)

対談2

吉見俊哉 Shunya Yoshimi
×
大野秀敏 Hidetoshi Ohno

縮小社会でも希望は語れるか？

吉見――私が都市というテーマに関心をもつようになった出発点は、演劇だったんですね。学生時代、というのは七〇年代後半ですが、演劇にかかわっておりまして、人々がある一つの場所に集まって、その出会いのなかから物語とかドラマをつくり出していく、そのプロセスに大変強い関心をもっていました。人々が一つの場所に集まるというのはどういうことか、その集まる場が意味とか文化とか出来事とか物語を生み出していく、これは演劇の場に集約的に表現されるわけですが、そのことをもっと社会の広い場で考えてみたいと思いました。

そういう意味で都市に興味をもち、当時、東京大学駒場の教養学部に建築家の原広司先生が講義にいらしていて、私は彼の授業に出ていたのですが、原さんと話すうちに「都市のことに関心があるのなら、建築の人間が何を考えているか、私の研究室に居候して、一緒に生活してみるなかで考えてみろ」と言われ、それで原研究室に文字どおり居候して、建築の人たちとい

吉見俊哉（よしみ・しゅんや）
東京大学大学院情報学環長。一九五七年東京生まれ。一九八一年東京大学教養学部教養学科卒業。八七年東京大学大学院社会学研究科博士過程単位取得退学。同年東京大学新聞研究所助手。九〇年同助教授。九二年東京大学社会情報研究所助教授。九三年から九四年エル・コレヒオ・デ・メヒコ（メキシコ）客員教授。二〇〇〇年東京大学社会情報研究所教授。〇四年東京大学大学院情報学環教授。〇六年東京大学大学院情報学環学環長。著書は『都市のドラマトゥルギー―東京・盛り場の社会史』（弘文堂、一九八七年）、『博覧会の政治学―まなざしの近代』（中公新書、中央公論社、一九九二年）、『カルチュラル・スタディーズ』（岩波書店、二〇〇〇年）、『親米と反米―戦後日本の政治的無意識』（岩波新書、岩波書店、二〇〇七年）ほか多数。

ろいろなことを一緒にやっていた時期がありました。

そのときに感じたのは、都市ということを考えるときに、建築の人間と人文系の人間は出発点が非常に違う。建築は物をつくる。具体的な空間、フィジカルな場をつくる。つまり物から出発して物に還ってくるわけですね。われわれ社会科学系の人間は、乱暴な言い方をすると、社会から出発し、物を経由しながらも社会に還ってくる。だからここの関係は重なりながらも、すれ違うことが常に出てくるわけです。

この対話でまず提起したいのは、建物の問題に最後に還っていこうとする人たちと、社会の問題に還っていく人たちがどこでどう対話ができるか、その方法論は一体何であるかということ。これを突き詰めることが、とりわけ日本では開発不足というか、その方法論がこれまで制度的にも理論的にも弱かったんじゃないか。そのあたりは、「縮小する都市」というテーマにとってもキーなのではないかというのが第一の点で、その意味でいうと、大野さんがファイバーシティの説明でおっしゃった、「都市を編集する」という言葉は非常にいいような気がします。

つまり、空間の設計はわれわれ文系の人間はあまりやっていないけれども、編集はわれわれもよくやっているわけですね。だから都市を編集するといってみた瞬間に、大野さんがお考えになられていることと、私たちが考えてきていることは非常に近づいてくる部分があるんじゃないかという気がしました。「編集」という概念をキーワードにしながら、建築家と社会学者や人類学者の対話のプロダクティブな回路をどう方法化、制度化できるか、というのが第一です。

第二の点は、私が三〇代前半のころ、これは一九九〇年代初めのことですが、一年弱メキシコ・シティに行っていたことがあります。エル・コレヒオ・デ・メヒコという大学院大学があって、そこで日本の文化や社会について教えていた。メキシコ・シティに行く前は、メキシコという社会のなかに近代社会の外側のものを探し求めて出かけるところであった気がしますが、実際に住みはじめてみると、非常に近代的なメガシティというか巨大な構造体、あるいはポストモダン都市が見えてくる。さらに何か月も生活していると、その都市の微細な構造がだんだん見えてくるわけですね。先住民の人たちが住んでいる地域、あるいは不法占拠地域、中産階級地域、いろいろな地域が複雑に組み合わさっている。それぞれの世界でそれぞれの違うリズムが動いていて、それが全体としてメキシコ・シティという二千数百万の巨大都市を構成している。しかも、地域によってはそれぞれが非常に隔離的な空間をつくっていたり、非常に融通《ゆうずう》無碍《むげ》に動いている地域がある。都市というのは、そうした異質の動き方、異質のリズムがいくつもの断層をはらんで構成されている巨大な空間であるということが実感としてよくわかってきました。

　都市では、単純に同質なものがつながって構造化されているわけじゃなくて、階級的にも、民族・人種的にも、文化的ないし言語的にも、もろもろの意味で異質な要素が不安定な均衡を保ちながら存在している。その不安定な均衡が都市の流動性を起こし、異質なものが棲み分けながらもちょっとぶつかり合ったりするような場のなかに都市のダイナミズムが生まれてくる。そうしたものが私は「都市」だと思いますが、そのようなものを、この「シュリンク（縮小）」というテーマを軸にどう編集していくと新しい都市のダイナミズムを生み出していくことができるのか。これがメキシコからの一つの教訓としてあるような気がします。

　三番目の話は、一九九〇年代後半から、私自身の研究の進め方で非常に大きく変わったことがあります。というのは、アジアとのつながりが劇的に増えていったのですね。九六年ぐらいからだと思いますが、ある国際会議がきっかけになって、台湾、韓国、中国、インド、東南アジアの研究者との関係がものすごく深まりました。そうすると、アジアのいろいろな都市に行くなかで、文化的にはこれは韓流とかジャパナイゼーションとかいろいろなかたちで出ていることですが、人の流れにおいても情報の流れにおいても、東京とアジアの諸都市が非常に連続的につながっているということが改めて自覚されてきている。そうすると、アジア全域で考えて見たときに、そのなかのいくつかの都市がシュリンクしていくということがどう見えるのか。

●吉見俊哉

もう少しいうと、アジアのなかで、たしかにいくつかの都市がシュリンクしているとしても、上海とかムンバイとか、いくつかのアジアのメガシティは、今なお爆発を続けている。全体として見たときに、シュリンクしていく部分と爆発していく部分の構造的な関係が変わってきて、アジア全域の都市の編成が変わってきているのですね。そういうふうに中国・インドぐらいまでの都市の変化を含めて見たときに、「シュリンク」という話がどういうふうに位置づくのか。

それから、全体としてグローバルに見たときには、資本主義はなお拡大というか、死滅するまで拡大し続けようとする欲望を構造的に抱えているようなところがありますから、グローバルな都市文明は、一方ではものすごい勢いで拡大し続けている面もある。先進社会のいくつかの都市は縮小傾向を見せはじめていながら、やはりグローバルには都市は爆発し続けている。

そうすると、そのアジアなりグローバルなりという非常に広がりをもった空間のなかで、しかも情報や人やものすごく流動性が高まっている社会のなかで、「縮小」というテーマをどう位置づけるのか。これを三番目に少し議論できればいいなと思います。

ファイバーシティ――都市を編集する

大野――いきなり本質的なところに迫ってこられて、他流試合の厳しさを感じていますが、気を取り直して、まず、最初にご指摘いただいた「編集」についてお話します。ファイバーシティは、二〇五〇年の日本の首都圏に提案しているという具体的な都市計画の戦略という側面と、それを通して二一世紀の計画パラダイムを提示しようという、いささか無謀な企てが同居しています。「編集」は、二一世紀の計画パラダイムを構成するキーワードとして出しましたから、着目していただいてうれしく思います。私たちは、ファイバーシティを、二〇世紀の計画パラダイムであるモダンシティと対比してまとめています。この図で一番目は、ファイバーのもと

●大野秀敏

になっている基本的な単位を何で考えるかということで、ファイバーシティは「線」で考えていきましょう。それに対して近代都市計画は「面」、ゾーニングという言葉に代表されるように、ゾーンつまり面で都市を制御するという考え方があります。

次に、それをどんな構成原理で組織化していくかというときに、ゾーンを構造力学的なバランスの問題として解いていきましょうというのがモダンシティの考え方だろうと思います。ファイバーシティの流体力学というのはもう少し動きを含んだイメージになります。たとえば渓流のなかに、流れを切るように堰板を立てるとそこに水位差ができます。流体だとそういうことができるところに「線」のおもしろさがあります。これが静水面だと、必ず領域は閉じなければ水位差はできないという非常にリジッドなイメージになるのですが、流体の場では、そこに半開きの境界を置くだけで水位差をつくることができ、場を生成することができるというところがおもしろいですし、同時に都市は流れる場だという私たちの認識の表明でもあります。

これは同時に、ゾーンとゾーンの間の境界をどうつくるか、につながっていくわけですが、モダンシティでは、ゾーン間の交渉というものを基本的に断っているわけですね。多摩ニュータウンに行けばわかりますが、丘の一つずつが近隣住区と対応していますから、隣の近隣住区に行くには、必ず幹線道路に下りて、もう一度丘を上らないと目的の近隣住区に行けない。

それに対して、ファイバーシティは「交換」ということが都市にとっては、もっと本質的だろうと考えます。最近、初めてオーストラリアの首都キャンベラに行きました。キャンベラは絵に描かれたようなモダンシティだということは聞いていたんですが、実際に行ってみると想像以上で、都市全体が代々木公園のような空間なんですね。そのなかに離れ離れに建物が建っている。これは「都市」じゃないなという、今や常識化している印象を再確認もしたのですが、同時に、二〇世紀初頭の人々のモダンシティに対する情熱の強さをひしひしと感じ、それが感動的でした。それはともかくとして、二〇世紀のパイオニアたちの都市計画では「交換」にあ

			fibercity
surface 面	計画対象	design target	線 line
dynamics 構造力学	システム特性	character of the system	流体力学 fluidics
separation 断絶	境界の機能	function of the boundary	交換 exchange
machine 機械	システムの構造イメージ	image of the system	織物 fabric
inventing 発明	デザイン戦略	design strategy	編集 editing
Modern city			縮小する都市のためのデザインパラダイム Design paradigms for the shrinking city

●ファイバーシティと近代都市計画

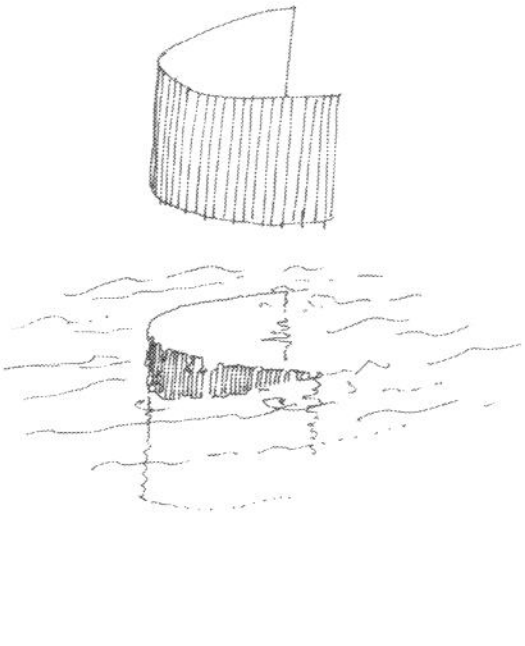

●流れる水のなかでは開放した堰でも水位差をつくることができる。

まり関心を払うことがなく、その証拠に、商業施設がほとんど描かれていないですね。しかし、歴史的には、都市の本質はむしろ、中国語でいえば城市《チャンシー》というふうに市《いち》が基本になっているわけです。この交換の場であることがまた流体力学と関係していく。

物的なイメージとしては、ファイバーシティは織物、ファブリックであるといっています。モダンシティが理想化する「機械」というのは、一つでも部品が欠けると全体のシステムが機能しなくなるわけですが、布は一部分が破れても全体のかたちも性質も保持できますから。

都市計画的アプローチと都市社会学的アプローチの接点

吉見——「線」で考えるというのは非常に魅力的ですね。数年前、私は都市社会学者の若林幹夫さんとの共編で『東京スタディーズ』*1という本を紀伊國屋書店から出版しました。この本をつくったきっかけは、一九八〇年代に東京論の著作が私のものも含めて山のように出たんですが、九〇年代を過ぎたくらいから、東京についての本があまり出なくなっていった。ところが東京そのものは九〇代末から激変していったんですね。そういうごく最近の変化を踏まえて、二〇〇〇年代初頭にもう一度改めて東京論をやろうというものでした。

そのときに出発点で私と若林さんが考えたのは、東京を「線」から見られないかということです。「線」から現代の東京を見るというのはどういうことなのかというと、たとえば高速道路で東京を移動したときに、そこで経験する東京はいかなる東京であるか、地下鉄で移動していくときに、そこで経験する東京はどのような東京であるか、あるいは多摩川沿いとか川縁を自転車で移動していくときに、そこから見えてくる東京はどうであるか、徒歩でいろいろな空間を歩いていくときの東京はどうであるか。さまざまなタイプの移動手段、あるいはさまざまなタイプの東京を通過していく通過のしかたによって、東京という存在がどのように見えてくる

*1 紀伊國屋書店、二〇〇五年

のかを読み直してみようということをやろうとしました。

これはやや地理学的にいうと、北欧の地理学で時間空間地理学というのがあって、ある地域に居住している特定の階層や世代の人々がその都市のなかの時間と空間の三次元座標のなかをどう移動していくかを量的に集めて、グラフ化して、それによってその都市が経験される空間を地理学的に分析しようという試みがなされていた。それを社会学者のアンソニー・ギデンズ*2がだいぶ援用しているんですが、今度は量的に外から見るんじゃなくて、それぞれの人はそういう時間・空間のさまざまな「線」のなかで何を経験しているのか、そこにいかなる意味をみいだし、その社会的な経験というのはその社会全体の構成にとってどういう意味をもつのか、ということを考えるわけですね。

そういう地理学的な想像力を媒介にしながら、都市デザインあるいは都市編集をやる、デザインする人たちが、ファイバーというかたちで「線」として都市を見る。われわれ社会学系は、それを経験する、それがどういう経験であるかということを考える。非常につながりがあるような感じがしますね。

大野——それは非常に興味のあるお話ですし、とても驚きました。というのは、僕たちも同じことをやってきていたからです。一〇年ほど前に、一人の学生が、現代都市はチューブ状にインテリア化しつつあるのではないかという仮定から、自宅を出て大学に来るまでの経路沿いの風景を克明に記録しました。たしかに、自宅の近くで駅に入ったら最後、郊外電車に乗り、ターミナル駅で地下道を伝って買い物をしたり、地下鉄に乗って大学のある駅まで、雨が降ってもずっと傘をささなくていい。そういう空間記述は、いろいろな人たちの関心を引き、卒論や修論でチャレンジしているし、もう少し過去にさかのぼると、六〇年代の終わりころに建築界では、シークエンシャルな空間を記述するということに関心が高まったことがあります。ただ、吉見さんのおっしゃったものづくりの側にいるわれわれの観点からすると、個人の体験として

*2 Anthony Giddens 一九三八年ロンドン生まれ。イギリスの社会学者。カールマルクスやエミールデュルケーム、マックスウエーバーの業績の読み直しを通して、近代社会の制度的特性を分析。『構造化理論』で有名。九〇年代以降は「再帰的近代」というコンセプトを軸に伝統社会やリスクグローバリゼーションなどの解析を中心に行っている。

のひも状の空間体験の記述を、どう物にするかということはなかなか難しいです。僕自身ずっと悩んでいました。それは、僕がものをつくるときに、全体的で統一的なシステムをつくり出さなければということにとらわれすぎていたからなのかもしれません。あるときから、断片性自体を目的にしてもいいのではないかと思いはじめました。歴史的なコンテクストを大切にし、スクラップ・アンド・ビルドをやめ、今あるものを活用するためには、断片的であることの優位性を積極的に認めるべきだと思いはじめました。

これは先回竹内さんとお話ししたこととも関連するのですが、都市計画というのは大きなシステムとして考えられる。そうすると、全体のシステムが完成しないと、都市計画は目的を達成できないという悩みが出てくる。都市は古来より人体にたとえられるわけですが、人間の体というのは非常に緻密なシステムを形成していて、さまざまな器官が全体システムのなかで機能している。そう考えてしまうと、日本の大都市の都市計画道路などは、いつまでたっても不完全な未完成品だということになる。

東京メトロの茗荷谷駅近くに、桜で有名な播磨坂という場所がありますが、あれは都市計画道路の断片なわけですから都市計画的には価値がない。ところが、断片であるがゆえに広場のような性格をもつに至った。唐突に道路幅が広く、中央に広い分離帯のような公園があり、前後の計画道路ができていないので自動車交通量も少ないからです。そのうえ、少しカーブしていて坂道になっているので非常に変化に富んだひも状の公共空間になっている。つまり、道路としてはだめだけれど都市の公共空間としては非常にすぐれている。シークエンシャルな体験のおもしろさとか、断片でも都市というシステムのなかである意味をもたせる、もつことができるということに正当な地位を与えよう。そういう断片こそいいんじゃないか、むしろ大きなシステムのほうが機能不全を起こしやすいんじゃないかというのが、ファイバーシティのベーシックな考え方です。

吉見——おそらく「編集」というのが、そういう断片を生かしながら、なおかつ全体に目を向けるというときのキーコンセプトになるような気が直観的にはしますね。

大野——それは非常に心強いコメントです。

吉見——すぐれた編集者が百科事典を編集すると、それは単に寄せ集めではなくて、そこにある全体像、俯瞰的な知をつくり出していくという「全体」への目くばりが必要で、それがありながら部分は部分で個性をもっている。個々の項目の中身まで完全に制御してしまったら、これはもうエンサイクロペディアとしての百科事典ではなくて、単なるディクショナリーになっています。エンサイクロペディアというのは、何かそのボリュームを支えるような構造性と、なおかつさまざまな概念を相互に結びつける線が位置づくデザイン、そして個々の要素の自由を保障しながら全体をデザインしていくような方法論が必要です。このエンサイクロペディアの精神、いわば「知の構造化」ですけれども、それと同じような意味で、新しい都市の編集学というのがありうるような気がするし、そこには建築家と社会学者がコラボレーションできるような、新しい対話の場があるような気がします。

異質な諸問題を編集する

大野——次に異質な領域の問題。先ほどメキシコ・シティのお話をうかがいましたが、東京もそういうところがあると思いました。たとえば、京都は中国の都城制に範をとっていますので、単純な幾何学をベースにした一貫した都市形態をもっています。ところが東京はそうではありません。徳川氏が整備した江戸は、ある種の形態秩序をもっていましたが、京都の人工性に対して、自然に身を任せるというような融通無碍なところがあり、当初から、人工性と地形性の二重システムでした。たとえば下町の格子状街路も町ごとに向きを変えていますが、これは富士山や筑波山、神田明神などにそれぞれ向きを合わせたからだと解釈されています。この道路システムは今でも東京の基層にありますが、これに明治以降の西欧の影響が加わり、さらに関東大震災後の復興では、近代的都市計画の大々的適用もあり、戦災、経済復興と続き、破壊と建設がめまぐるしく行われたので、その時々の最新の考え方が、絵具を塗り重ねるように描き足されていきました。そしてどれも全体を支配していない。不徹底で断片的でコラージュ的です。たとえば国会議事堂の軸線も赤坂離宮の軸線もすぐ終わってしまいます。明治神宮の脇に丹下健三さんの設計したオリンピックプールのZ形をした人工地盤があるというぐあいです。

こういうフィジカルなひも状の空間、つまりファイバーは当然、人々によっていろんな意味づけがなされていくわけです。吉見さんが最近お書きになられた『親米と反米―戦後日本の政治的無意識』[*3]はとてもおもしろかったですが、東京のおしゃれな繁華街がみな米軍と関係があることがわかります。意味も断片的に、かつ重層的にいろんな次元でからまり合っている。このような東京の特性をファイバーシティは肯定的にとらえています。

さて、東京の郊外を再編成する戦略として、われわれは「グリーンフィンガー」[*4]というものを提案しています。東京、あるいは日本の大都市の場合は、公共交通が充実しているのでこの資産を二一世紀に継承すべきであると同時に、環境問題とかいろいろ考えると、駅の近くに、駅から歩けるところに人が住み、それ以遠の土地は緑地化していきましょう、というのがこの計画です。既に東京はある程度そういう構造になっていますから、その流れをさらに推し進めれば実現可能なスキームだと思っていますが、実はここから先に計画を進めようとするときに、非常に難しい問題が出てきます。それはいわゆる社会階層性をどう扱うかということです。東京の特徴を一つ挙げるとすると、韓国やスペイン一国程度のGDPを生み出している東京に富裕者層の住宅街がないということがあります。

こういう計画を進めていくときに、強制収用ということはありえないわけですから、税制や

*3 岩波新書、二〇〇七年

*4 本書二四四頁参照

補助金などあめと鞭を組み合わせながら誘導するということになります。たとえば密集したところはインフラ効率がよいから水道光熱費の負担は少なくてもいい。駅から遠くてまばらなところはインフラ負担が高い。こういうふうにして誘導をしていくわけですが、「私は水道光熱代を何倍も払っていいし、広い庭をつくって緑地化に貢献するから緑地のなかの住宅に住みたい」という人が現れてくることも考えなければいけない。

日本の金持ちはほとんど外形的に「おれは金持ちだぞ」と表現する手段がないわけですね。ところが、この計画を進めていくことによってその可能性が生まれてくる。近代都市計画は、どちらかというと都市のなかでそういう議論をするのを避けてきましたから、オフィシャルな都市計画のなかでそういうものは基本的には扱われていないという問題と関連しているのかなと思っています。

吉見——今、格差社会がいわれるなかで、日本社会には大きく経済的な格差がないという前提はすでに崩れつつありますね。しかも地域的には、ゲーテッドコミュニティのように、他者を排除する空間が増えはじめている。地域開発のなかでは、まわりの環境などとの関係性を完全に切ってしまって、その地域だけのブランド化といいますか、すべてそのなかにインクルードするような開発も目立ちはじめている。

このままいくと、そういう傾向はもっと強まる可能性が少なからずあるように思うし、そういうことが起こっていくなかで、都市の公共性の概念といいますか、異質な人々が住んでいながら、それが「共通のまち」なんだという概念が弱まっている気がします。

そうしたなかで、都市がシュリンクしながら、地域のセグレゲーション（分離化）とか隔離とかにいくのではないコミュニティのデザインというか編集をどのようにやっていくかですね。

大野——東京一極集中牽引論と同じような思考が、家計レベルでも起こっているわけですね。既に税制などはある程度そういう方向にいっていますから、まさに格差社会を生み出しているわけです。今、格差社会というようなかたちで議論されている現象が、都市の縮小が進むなかで、さらに先鋭化して出てこざるを得ない。日本は一度スーパーデモクラシーみたいな状態をつくったわけですね。同時に、われわれは共産主義的な社会運営の限界も知っているわけです。そうだとすると、これからの都市は、ある種の計画性というか全体概念の主導性を確保しつつも、部分の自律性も重んじる構造になるべきだと思います。そういう緊張関係の底には人間的欲望、おれは金持ちになりたいとか、おれは金持ちの表現をしたいという欲望、それと一方で、都市を分断によって窒息させないこと、ダイナミックな交換の場になること、これら二つをどう折り合いをつけていくかということで、グリーンフィンガーの空間を、建築スケールで表現しようとするときには、どうしても避けられない問題として出てきます。悩みましたが、まだ答えは出ていません。

出会いを編集する半開き状態

吉見——もう一つ、日本の都市でも多文化あるいは多国籍という傾向も強まっている。都市というのは、基本的には異質な人々が出会う場がいろいろな場面にあること、つまり線というかファイバーがいろいろ都市のなかを走っているとしたら、その交差点ですね、それが多様に存在している空間です。だから、グローバル化のなかで多国籍、多文化状況が広がることは、基本的には都市がより都市らしくなっていくことでもあるのだけれども、しかし他方で、そのような異質な要素をあまり見えなくしていこう、同質的なもので隔離的な配置をしていこうという流れも存在する。大野さんのいわれるファイバーが折り目をなして、結び目をなしていく、そのなかで多文化、多言語の出会いが促進されていくような場をどう設計するか、どう編集するかということが、もう一つ非常に大きなテーマだと思います。グローバル化のなかでのファイバーシティの未来像はどういうイメージなんでしょうか。

大野――今いわれたことは、私も大きな関心をもっていますが、今回のファイバーシティでは
そこまで、デザイン開発がなされていませんので、直接のお答えはできないのですが、いって
おきたいことは、異質領域というとき、それはテーマパーク的なものではないということです。
たとえば伊勢のおかげ横丁であるとか、原広司先生が設計された京都駅なども、そういうとこ
ろがあります。細長いひも状の形態をしていますが、周辺に対しては非常に閉鎖したかたちに
なっていて、まわりと遮断された内部に劇的な場をつくっている。それから、高層マンション
が既にゲーテッドコミュニティ化していますね。特に大型の超高層マンションはそうです。内
部に立派な図書室や宿泊室、会議室などを備えていたりするわけです。均質化した世界のなか
に異質な世界を島のようにつくるということが、商業資本側からも要請されている。それが商
品価値でもあるわけですが、それは、排除の原理でできている。都市空間と豊かな交渉をしよ
うとしない。これに対して、線分がつくり出す半開きの領域は、島化する都市を再び開きなが
らもしわのある場所に変えていく原理的な可能性があるだろうということです。

たとえばエスニックなコミュニティにしても、ゲットーのように隔離されるべきものではな
くて、時間的堆積のなかでゆっくりつくられていくのが理想的な姿だとすると、それは開かれ
ているからこそ、そういうことが起こるわけです。閉鎖空間をつくっても、それは社会的にも
マイナスしかつくらないだろうという意味で、半開きつまり完全に閉じていないが、強い場所
性をもっているということは大事だと思います。

吉見――私は明治大学の小林正美さんらと一緒に、世田谷区と小田急電鉄が強引に進めようと
している道路建設問題にからんで、下北沢について考えているのですが、下北沢というまちは、
今の東京のなかではかなり希有な、非常に活気があって、文化的にも非常にプロダクティブな
地域だと思います。多数の線が交差していて、いろんな線がこんがらがって下北沢ができている。

多数の線の折り目の交差のしかたが、下北沢というまちの活気を支えている気がしますね。

下北沢というまちのあり方は、近代的な都市計画整備が遅れているといわれながらも、むしろ新しい都市計画の可能性、都市の編集のしかたについての示唆的な面を含んでいると思います。ところが、今、進んでいる道路計画は、この多様な線のからまりを真ん中でぶった切ってしまう。大野さんがおっしゃった「半開き」ということで具体的に東京のなかにある都市のいくつかのイメージを考えると、下北沢みたいなまちのなかの線と線の交錯のしかたをイメージするのでもよろしいのでしょうか。

大野——まさにそうだと思います。都心でなくても成熟した郊外には、そういう特性をもった通りが必ずありますよね。

——マンハッタニズムのなかのシュリンケージ

大野——吉見さんからの三番目の投げかけは、アジアの大きなうねりのなかで、特に資本主義というのは最後まで拡大し続ける欲望をもっているというなかで、「縮小」というのはどう位置づけられるかということですね。これはいちばん本質的な問題で、かつ大きな問題ですから、うまくこたえられるどうか。

まず、人口に限っていうと、中国では一人っ子政策をとっているから、これから急激に縮小局面に転じていくだろうと思います。現在人口爆発を経験している国々も、生活レベルが上がると、高齢化と同時に少子化が進行していきます。少産化は女性の社会的自覚と関係していて、それはテレビの普及と関係しているそうです。ただ、これは国や地域の人口構造で吉見さんのおっしゃる問題は、巨大都市の問題ですから、それについて感想を述べると、アジアのグローバリゼーションは、特にわれわれ建築家の目から見ると、マンハッタニズムなんですね。超高層をどんどん建てて、わが街も、世界都市の仲間入りができたぞと喜ぶというのが実態としてのグローバリゼーションだと思います。

マンハッタンはニューヨークの都心で、アテネ憲章の都市とは違って高密に超高層ビルが林立する都市形態ですが、それが現代の文明のあり方、文化の型を表象しているということです。いちばん私が知りたいのは、マンハッタニズムは永遠かということなのですが、逆に吉見さんがそれをどう思っているかお聞きしたいですね。

吉見——マンハッタニズムだというのはまったくおっしゃるとおりで、上海は典型ですね。今日の上海を見ると、規模は少し小さかったけれども、かつての東京でも同じような風景を見たような感覚に襲われます。ある時点から、資本主義の発展を都市の発展が象徴するようになっていった。それで、いろいろな建築家たちが新しい資本主義のシンボルとしての都市をつくってきた。そんな歴史が、とりわけ二〇世紀においてはあった。

そうすると、巨大メトロポリスと資本主義は最後までというか、人類の文明が崩壊するまで手をたずさえてともに拡大し続けるのではないかとも思います。マンハッタニズムのある種の虚しさは、永遠というのとちょっと別のことで、永遠を希求しながらも永遠ではありえない、非常にはかないというか、次の瞬間の未来に賭けることしかできない資本主義を象徴するような気がするんですね。

大野さんが考えられているのは、こんな未来だけではあんまりだというか、そんな巨大化だけの未来では幸せじゃないだろうということ。六本木ヒルズのような超高層建築に住まうことが幸せだと思っている人はたくさんいるわけですが、でもそれは都市のあるべき未来ではないのではないか、本当に建築のやるべきこと、あるいは都市計画の理念は、むしろそういう大きな資本主義の、あるいはマンハッタニズムの奔流といかに闘うか、それと違う可能性をいかに見いだしていくか。そこらあたりを大野さんは問われているように思うんですね。

大野——そうか、ドン・キホーテということか。

吉見——アジア全域の都市が縮小傾向にいくとしても、中国とかインドを見ていると、だいぶ時間がかかるかなという感じです。そうでありながら、東京のようにそれらとは違う局面に入りつつある都市が、何か二一世紀の都市の未来像として提示できることがあるとすれば、それはさらなる成長という局面ではなく、シュリンクしていく都市のなかのファイバーシティというような、質の転化が考えられようとしている。資本主義そのものを全否定なんてできないわけですから、違う方法でのオルタナティブな可能性、都市の未来の可能性を、資本主義の流れのなかにいながらどう立案できるかが問われてくる。

大野——さっきマンハッタニズムが永遠かとおたずねしたのは、非常に荒っぽくいいますと、ヨーロッパでいえば、キリスト教の中世が一〇〇〇年近く続いて、ルネサンスがおこると、今度は人文主義的な理念で一九世紀まで続く大きな流れができ、市民社会をつくり出しました。都市建築ではギリシア、ローマに範をとり、ヨーロッパの壮麗な首都をつくる。ちょうど今、マンハッタニズムが世界の大都市を席捲しているように、植民地主義とともにアメリカにも中国にもインドにも広がり、そして政治的には独立していた日本の都市をも影響下に置きます。二〇世紀になると、市民社会は資本主義と社会主義を育て、一九九〇年の東西ドイツの壁の崩壊を待つかのようにマンハッタニズムが奔流となって世界中に広がっていきます。超高層のある風景は今や世界中の大都市のアイコンになってしまった。ただ、広がるスピードが前の形式に比べて圧倒的に速い。そのぶん、賞味期間も短くなるのではないか。マンハッタニズムも、既に末期的な状況じゃないかと。

そう思う理由は、われわれの文明の縮小、あるいは拡大できないという思いです。地球環境問題の基本は地球の容量の限界を認めることですが、何か手を打たないといけないという認識の拡大もスピードをもって広がっていっているわけですね。一〇年前と今では全然認識が違う。

そうすると、おそらく資本主義+マンハッタニズムは必ずしも最終的な形態ではないのではないか。ここらあたりは根拠がないオプティミズムですが、何かあるのではないかと。

吉見——今、上海やムンバイで起きていることは、ヨーロッパであればかなり長い時間をかけて起こったことで、日本ですら数十年かけて起こったこと。それがほんの数年で起こっているという、そのスピードの落差がものすごい。スピードが違うだけではなくて、規模も大きくなっているし、同時に、それだけ短期間に一気に変化が起きているから結構プロセスが乱暴で、一方で巨大な資本が投下されてどんどんものすごい建物が建っていきながら、他方ではスラムが相変わらず広がっているし、低所得者層の比率も相変わらず大きい。だけど、そういう低所得者層のコミュニティデベロップメントでもITがどんどん使われていたり、トランスナショナルなNGOが活躍している。国家的あるいは大資本的なレベルで起こっていることと、草の根的なNGOが安いITを使いながら実践していることがかなり二極構造になっている。インドはとりわけそういう二極構造が強い気がしますね。

これは行き着くところまではいっちゃうのかなという感じもしないでもないのですが、日本の場合にはもうちょっと複雑ですね。二極構造というよりその中間の行政管理的な水準が厚くあって、逆にいえば、地域の運動からすると、中間的なレベルがたくさんあるために、なかなかグラスルーツ的なものが政策的なレベルにまでつながっていかないということにもなっている。日本では、いろいろなレベルで細かくコントロールする仕組みが厳密に作用しているので、乱暴ではないけれどもなかなか突破口が見いだせないような気がします。

このようななかで、既にある都市やコミュニティの仕組みを編集し直す。その編集し直す主体に誰がなりうるか。住民と建築家や社会学者、専門家なり知識人なりと行政がどういう共通の場をつくって都市を編集する主体を構築することができるのか。これはヨーロッパやアメリカの例とも違うし、今起こっているインドや中国の例とも違う解を出さないとできない気がしますし、そこにある種のオリジナリティがあり得るんじゃないか。

中国やインドで起こっていることは、かなり裸のグローバル資本主義の全面化というところに近いですね。日本の場合、もうちょっと複雑な仕組みが動いているので、これを壊してしまうのではなくて、この複雑さのなかから秩序を再編集していくという、その主体形成の仕組みが、大野さんの「編集」とかファイバーシティというところでぜひ考えてほしいことかなという感じがします。

地域都市・郊外の活性化という問題構成

司会——これからの縮小時代に、地域都市とか郊外はどのように対応していけるか、といったことが一つの大きなテーマかと思います。吉見先生の『東京スタディーズ』に、郊外では特にメディアを通したアメリカ化で大衆文化が侵食されてかなり画一的になってきているというご指摘もありますが、そういったアメリカ化とか、東京資本が地方にどんどん進出していくという東京化、そういうものを超えた地域の自立のための文化の方向性といったものをどういうふうにつくっていくか、というあたりをおうかがいしたいと思います。

吉見——東京は比較的歴史もあるし、自然景観もかなり入り組んでいるし、いろんな資産もあるし、いろんな編集のしかたがたぶんありうると思います。歴史があったり、いい地域があったり、いい自然があったり、いい文化資産があったり、それなりの住民運動がしっかりしていたりというところ、あるいは東京のなかでも下北沢みたいな空間とか、郊外でもいくつかの特色ある空間というのは、ファイバーシティが生きてくるデザイン、編集が比較的やれる空間だと思います。

でも、本当は今の日本でいちばん難しくて、いちばん考えるべき、もう一つの大きな問題というのは、とてつもなくのっぺりとしていて、とてつもなく均質化していて、そしてディスカウントショップがずらっと並んでいる、そういう巨大な地域がどこの地方都市に行っても、東京の郊外でも、どんどん広がっているし、また人々の意識そのものも均質化している。経済的な格差がわりとはっきり出てきてしまっている地域もある。そういう、地域性を見いだしにくい地域において、文化とか都市のデザインとか編集というものをどうするか、あるいはファイバーシティはいかに可能か、という問題だと思いますが、大野さん、いかがでしょうか。

大野――今おっしゃったようなことは、よくいろんな方がおっしゃいますし、僕も半分はそうだなと思いますが、一方では懐疑的で、地域が均質だということは、文明・文化がある地域を支配すればおのずから起こることでもありますね。一つの文明圏というものが成立すれば、当然強い文化が勝って弱い文化が駆逐されるから内部は均質になります。つまり、地域がオリジナルでなければいけないという強迫観念は、ある意味では「上から見ている私」「比較する私」を想定しないと現れてこない。

当然、メディアと旅行の時代にいるわれわれにとっては、それは特殊な視点とはいえないんですが、問題のとらえ方として、そういう地域が問題だというふうにとらえた瞬間、差異化をしなければいけないというある種の資本の論理のなかに逆にハマるような気もします。すべてのまちが隣のまちと違う個性をもつということは、あり得ないことだし、風景がいいと多くの人がいうヨーロッパに行っても、あるいは昔からの民家が残っているような集落に行っても、均質性のほうが勝っているわけですね。個別性が強化されているところは、風景はカオティックですね。ここを解かないと、均質な風景の問題には先がないと思うんです。

吉見――そうですね。

大野――今年、大学の設計課題は「エンパワーメント・オブ・サバービア／郊外のてこ入れ」というタイトルにしようかと思っているんですが、それは、多くの人がつまらない郊外に住んでいるからです。その人たちに向かって「おまえ、つまらないところに住んでいる」とか、地方都市に住んでいる人に「おまえのまちはつまらない」というと、みんな救いがなくみじめになるんじゃないかと。今のところ、それをどうしたらいいかという解はないのですが、その問題構制自体が呪縛になっているような気がなんとなくするんですが、どう思われますか。

吉見――たしかにそうですね。こんな均質な風景はだめだ、なんとかしなくてはいけないと思ってしまう私自身が傲慢なのかもしれない。そう、たしかに傲慢なのだという気がします。実際には便利で、機能的で、安くて、とりあえずみんな生活できている空間が広がるわけですから、「それでいいじゃん」といえる部分もありますね。

大野――あります。地方ではユニクロとかスターバックスが出店すると、まちの格が上がったような気がするという感じ(笑)、今ではスターバックスはどこでもありますが、本郷キャンパスにもスターバックスができたとかいうと、ちょっと晴れがましい感じがするじゃないですか。今までアクセスが限定されていたわけですから、それが手に入るということを喜ぶこと自体はなかなか責められない(笑)。

マクドナルドのある風景はたしかにつまらないですが、でもある面では、それは旅人の感じるつまらなさであって、旅先で土地のものを食べたかったのにスターバックスやマクドナルドしかないとか、まちのめし屋でもファミリーレストランみたいな写真入りのメニューを最近は出したりします。だけれど、外国でわけのわからない現地語で書いてあるより、カラー写真がついているほうが安心だという側面もあるし、それが確実にある種の文明・文化の産物を行きわたらせているというところがありますね。

吉見――そうですね。でも、スターバックスであれユニクロであれ、TSUTAYAであれ、それがそろっている生活がコンフォタブルである。そのコンフォタブルであることを世界じゅうが求めている。そういうふうになってしまう。

大野——同時にそう思わされているという戦略もあるわけでしょう、一方に。

吉見——そう。だからそういうふうにわれわれは飼い慣らされている。そういうふうにほとんどの人が思ってしまう文明のなかに、われわれという存在そのものがつくられている、という深い問題にこれはつながっていて、しかも、それは君の錯覚だとはいえないですね。そう君は思わされているんだ、踊らされているんだとは私はいえないし、さっき大野さんがおっしゃったように、そう言ってしまった瞬間に、私は既に自分自身がそういうシステムの外側から批評している、非常に傲慢な知識人にすぎなくなってしまう。

そこをどう語るかというのは、本当に大きな問題。世界的に見ても、今の都市はさっきのマンハッタニズムという話もありますが、それはどちらかというと氷山の一角で、マンハッタンが建っている地域よりも、マクドナルドであれスターバックスであれ、そういう巨大な店舗網が広がり、均質的な住宅地が広がっていく、さらに大きい流れの方がとても大きい。

大野——二つはセットでもありますね。マクドナルドの海のなかにマンハッタン島が浮いている。そういうセットピースで世界に輸出されている。

吉見——そうです。しかもそれをコンフォタブルだとみんな感じている。これは社会学者の課題でもありますが、そうした海や島のなかで新たな都市の可能性をどう考えるかということはとても深刻な課題で、この課題を深刻なものとして受け止めるしか、今の私にはできないですね。

「縮小」という意志表明

吉見——快適さということとかかわると思うんですが、マンハッタンというか超高層にしても、スターバックスやファストフードにしても、これは今の多様で大量の人々のさまざまな欲望に適合しているんですね。この巨大なシステムの帰結として都市がどんどん増殖していく。しかも非常に多くの人々の欲望を都市が集めていくことができてしまう。そうすると、都市が縮小するというのは、それに真っ向から挑戦状をたたきつけているようなところがありますね(笑)。

都市は、世界じゅうのとてつもない数の人々の欲望のシンボルのようなものだと思うんです。その巨大な圧力というのが都市を膨張させてきたし、膨張させる方向になおかつ働く力を相当もっていて、それが突き上げるエネルギーのようにマンハッタンのような超高層を上に建てているようなところがある。でも、縮小するんだと大野さんはおっしゃっているわけですよ(笑)。

目の前で、これだけ都市が膨張し、増殖しているのに、それでも都市は縮小するし、縮小する都市をデザインする可能性について語っている。これは、人々がコンフォタブルである、人々がマクドナルドとマンハッタンを欲望するというふうなエネルギーに対して、ちょっとそれをずらしていくというか、ちょっと違うんじゃない？　ちょっと違う都市のあり方がありうるんじゃない？　といって、快適さあるいは必要性というのとは違う軸を介入的に入れようとしているような気がします。確かにグラフを示して減っていくといわれればそうかなと思うけれども、でも同時に、単純に量的な減少といったときに、大野さん自身の意志というか建築家としての意志が入らないと、実は自然の流れだけでは「縮小」という結論にはいかないような気もするんですよ。

大野――そうかもしれません。

吉見――自然な流れという部分と計画者あるいは編集者の意志というものがある。それは、具体的には建築家の意志や理念であったりするのかもしれない。これは、人々の必要性とか欲望とか快適さという問題だけに都市の未来を還元するのではない、この「縮小する都市」という概念はそうした方向とは非常に異質な面をもっているような気がしますね。

大野――実際、統計的な外挿では首都圏は当分人口は減らない。ファイバーシティの中で、東京も最後には縮小するのだから、悪あがきをしないでそれを積極的に引き受け、上手に処理し、今までできなかった都市をつくることに成功すれば二一世紀のチャンピオンになれるといっています。

そこで、また、大ざっぱな話をして申し訳ないのですが、資本というのは世界を均質にしたいわけですね。そうしないといろいろな取引きができない。ＷＴＯなどもすべてそういう世界をなめらかにするシステムなんだけれども、すべて均質になると商売が成立しないという自己矛盾に資本は逢着することになる。商売というのは、安いところから高いところにもっていって金儲けするシステムだから、地域間に差異がないと困る。サステナビリティとは、この自己矛盾状態をどう継続していくかということだと思います。

そうすると、今のスターバックス路線だけだと、彼らの意志に反して、世界は商売をしにくい構造になってくるんじゃないか。現在のイスラム勢力によるテロもスターバックス的世界に対する反乱ともいわれているように、限界が見えてきている。さらに、人間の活動が地球の容量で阻まれ、成長できなくなると、いよいよ、スターバックス的世界の限界があらわになるように思います。だから、ファイバーシティは結構世界の資本に対して貢献するんじゃないか(笑)。そして、たぶん商業資本の論理だけでは、この社会はそんなにダイナミックに再編できないというところがあって、そこに、都市デザインや建築が貢献できる可能性があるのではないかとかすかな希望をもっている、そんな展望です。

（二〇〇七年七月二五日　秋葉原）

本 又又書店

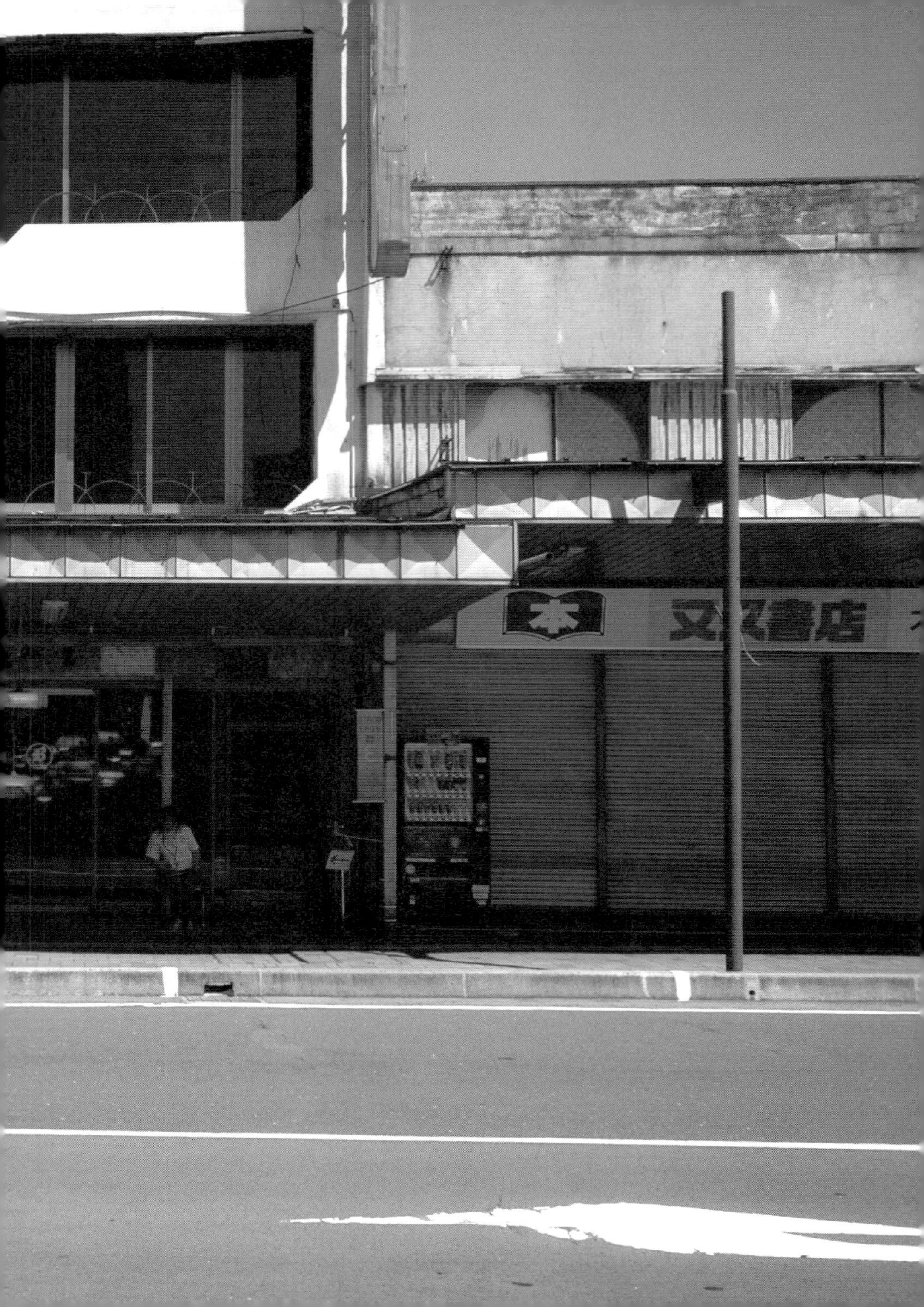

現場報告

都心部空洞化、シャッター街、限界集落など
シュリンキング・ニッポンの風景は全国各地に見られる。
それは、一見、絶望的な風景に見えるが、
豊かな環境に向けてさまざまな可能性も秘めている。
さらに視点を向けてみると、新たな活動が芽生えている地域もある。

構成+文=森田伸子+松下幸司+森 正史
Photos by Masato Nakamura (p.80-81,86-91),
Koji Matsushita (p.82-85 上,92-95), Shinya Moro (p.85 下),
Keiichiro Fujisaki (p.96)

シュリンキング・ハコダテ

伝統産業の衰退、大型店舗の郊外進出により、駅前地区の商店街では転業や廃業が相次ぐ。函館駅前の目抜き通りのすぐ脇で、空き地、駐車場が延々と広がる光景が目に止まる。

現場報告

特異な地形と長い歴史をもつ函館市は、現在も年間五〇〇万人の観光客を誇る魅力的な都市である。一方で、一九七〇年代からの港湾機能の衰退と郊外化によって、八〇年代には市の人口は減少に転じ、中心市街地の空洞化、郊外のファスト風土化が進行している。特に歴史地区を含む中心地区の人口減少と高齢化が著しく進んでおり、多くの建造物が「景観形成指定建築物」として保存されている一方で、あちらこちらに空き家や空き地が点在する。特に函館駅前の目抜き通りから一本路地に入ると、空き地がかたちを変えた利用者のほとんどいない駐車場が延々と連鎖する茫漠な光景が展開している。

そのような函館にあって、今、再生に向けて新たな芽が生まれつつある。歴史地区の路地奥にある築九〇年の長屋を、二〇〇五年にセレクトショップとして再生した里村宏二氏は、同じ路地に面する空き家を連鎖的にリノベーションし、その拠点を広げていこうと計画している。二〇〇七年四月には、西部地区のランドマークであった丸井今井呉服店函館支店が、函館市地域交流まちづくりセンターとして再利用され、市民活動の支援や交流の場、地域情報の発信拠点として生まれ変わった。ここで、二〇〇七年一一月には渡辺保史氏が代表を務めるNPOが主催者となって、縮小する函館をテーマに展覧会を開催し、函館が直面する危機を広く市民に訴えると同時に、縮小を再生の好機ととらえるさまざまなメッセージを発信した。二〇〇八年四月には北海道大学の学生、茂呂信哉氏がベンチャー企業を立ち上げ、環境にやさしい観光をスローガンとして、ベロタクシーを歴史地区で走らせはじめた。一つ一つの活動は大きくはないかもしれないが、個々の活動の集積が大きな再生のうねりへと発展していく予感が大いに感じられる。

秋田県大館市大町商店街

2001年に大町商店街のシンボルだったデパート「正札竹村」が倒産した。十数年前から商業の中心は郊外の大型店に移動し、中心部の商店街は4分の3の商店が閉鎖され、シャッター街となっていった。2007年8月、大館出身の3人のクリエーターが中心となって、大町商店街を舞台に展覧会を開催し、20店舗のシャッターが開けられた。100人を超えるクリエーターや町の人々が参加し、展覧会の会期中、大町商店街は久々にかつてのにぎわいを取り戻した。商店街の再生に向けてゼロダテ（p.88 参照）の活動は今後も続けられる。

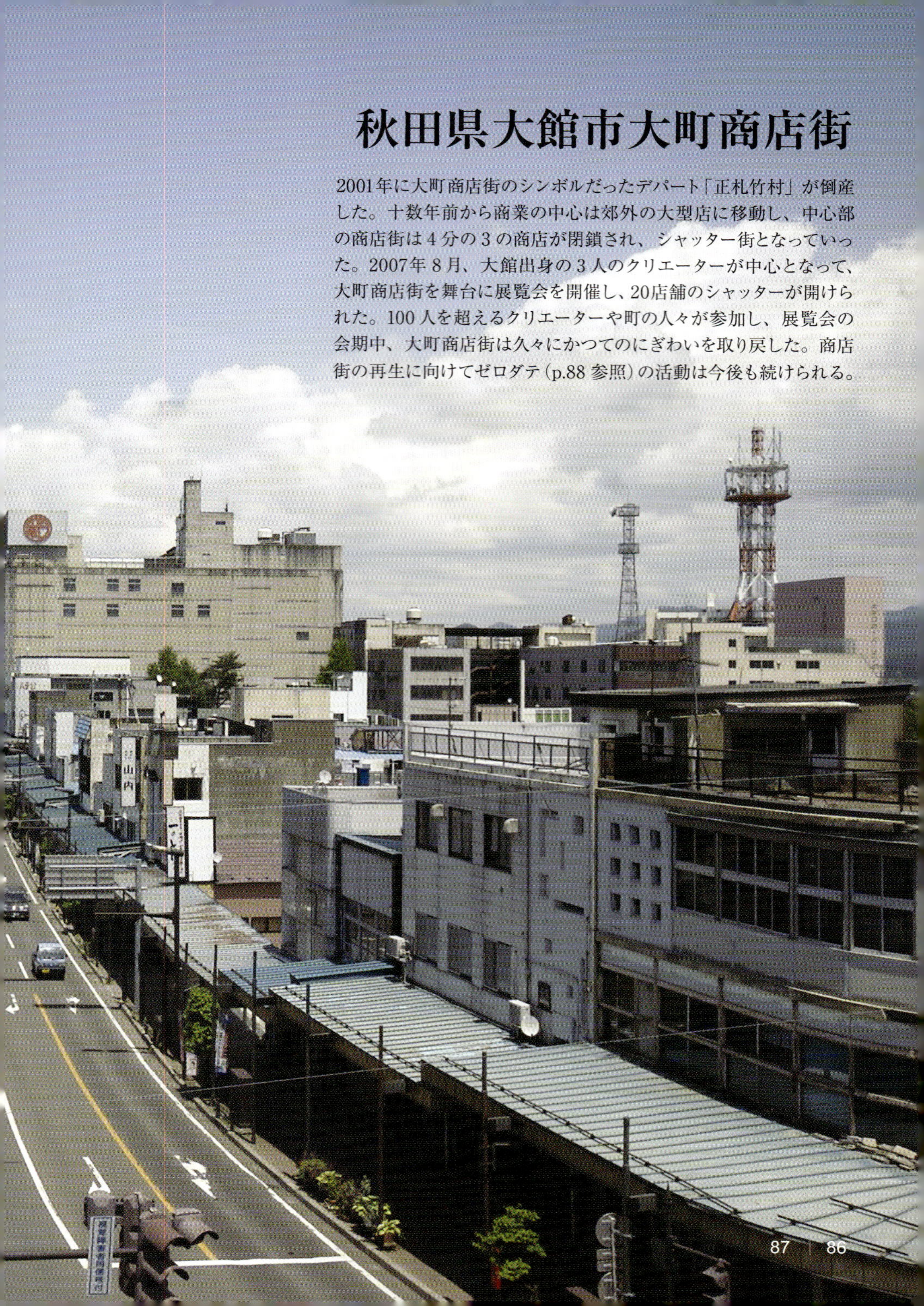

現場報告

ゼロダテ（0／DATE）

ゼロダテ（0／DATE）とはDATE（日付）を（ゼロ）にリセットしもう一度何かを始める、新しい大館を創造するという活動です。大館を想う気持ちを共有し、それぞれの「大館」とともに歩きはじめること。本展では、大町商店街の閉ざされたシャッターを開けることから始まります。／中村政人＋石山拓真＋普津澤画乃新

"Shutter Guy" カード
1回 100円～
シャッターガイ
Coca-Cola
コカ・コーラ
準備中

東京都千代田区神田錦町

千代田区の昼間人口は 85 万人、夜間人口は 4 万人といわれている。バブルの時期を境にビジネス街が大手町から神保町のある靖国通り近くまで拡張している。かつてこの地域にあった印刷所、製本所、出版社などは別の地域に転出し、錦町から美土代町にかけて空きビルが目立ち、地元住民の数も極端に減少している。

アノコザ

KANDADA Artist - Initiative command N / Project space KANDADA

中村政人はコマンドNという非営利なアート活動団体を主宰し、一九九九年から二〇〇一年までの三年間、秋葉原の電気店店頭の一万台のモニターを使って「アキハバラTV」というビデオアートのプロジェクトを展開し、大成功を収めた。その後、二〇〇五年には神田錦町にKANDADAを立ち上げた。現役の印刷会社の一階の倉庫として使用されていたスペースをギャラリースペースに改造し、神田地域の再生の拠点としてさまざまなアート活動を行っている。

ゼロダテ（秋田県大館市）、KANDADA（東京都千代田区神田錦町）、ヒミング（富山県氷見市）、アノコザ（沖縄県沖縄市コザ）と日本各地にアートプロジェクトを立ち上げ、中村政人の活動は次第に地域間相互のアートネットワークを形成しつつある。

http://www.commandn.net
http://www.zero-date.com
http://www.himming.org
HYPERLINK http://www.a-n-o.org/
http://www.a-n-o.org/

ヒミング

現場報告

東京・原宿団地　1957-2008

原宿団地は 1957 年竣工、112 戸、全５棟の分譲型集合住宅で、２棟の星型住宅を特徴としている。都心部にもかかわらず、周辺の都市再開発の波から取り残され、相対的にシュリンクしている光景を呈している。しかしそれは、外苑西通り沿いに都心とは思えない豊かな緑をたたえており、都市空間に潤いをもたらしている。

原宿団地案内図
NO.5
NO.6
NO.4
NO.3
NO.2
NO.1
集会所

いわゆる「団地」が日本に誕生してから既に半世紀が経過した。団地住宅は全国で約七〇〇万戸に達するといわれているが、そのうち公団（現在、UR都市機構）の物件は約一割の約七七万戸であり、東京周辺（東京都、千葉県、神奈川県、埼玉県）において、昭和三〇年代には一一九団地、四七、五〇〇戸余り（約六パーセント）、昭和四〇年代には一四八団地、一六四、五〇〇戸余り（約二一パーセント）の住宅が供給された。現在、団地誕生のころに建設されたものについては、住戸規模、間取りなどのニーズの変化、構造、設備などの老朽化により、ハードの改善が急務とされている。古くなった団地に対する対応策として、修繕と建替えが並行して進められてきたが、対処療法的であることはいなめない。今後、縮小する都市においては、団地という既存ストックを総合的に再生し、都市のインフラとして持続可能な資産とするための戦略が必要となる。

もともと、団地は都市高密居住のモデルとされて誕生し、今まで供給されてきた。阿佐ケ谷や原宿など、長い時間を積み重ねた団地では、樹木が大きく成長し、緑豊かな外部空間が息づいている。それは、団地住人の憩いの場所となっているし、さらには周辺地域の良好な環境形成にも寄与している。まさに団地が都市環境として新たな役割を担いはじめたといえるだろう。都市再生をスローガンに土地高度利用が進む現在、団地はむしろ周辺から見て土地低未利用とみなされ、今や簡単に取り壊されて建て替えられる運命にあるが、一〇〇年後には立派な建築遺産になる可能性を秘めてはいないだろうか。「団地再生」には文化的にも高い価値をもつ「既存ストック」を「育てていく」という発想の転換が求められよう。

青山北町アパート　1957-2008

青山北町アパートは481戸、全24棟の都営住宅で、そののどかなたたずまいは表参道のブランドショップ街から目と鼻の先にあることを忘れさせる。原宿団地同様、都心部の豊かな緑を特徴としているが、鬱蒼と茂る緑はジャングルのようでもあり、まさに圧巻である。

阿佐ヶ谷住宅　1958-2008

阿佐ヶ谷住宅は1958年竣工、350戸の分譲型集合住宅で、前川國男設計の傾斜屋根をもつ174戸のテラスハウスを特徴とした、建築史に残る傑作である。建築とランドスケープが織り成す風景は、日本ではなく、どこか米軍ハウスの薫りがする。このような傑作が取り壊される日が近いというなんとも悲しい現実があることを忘れてはならない。

東京周辺の団地　出典：UR 都市機構「UR 賃貸住宅ストック個別団地類型（案）一覧」

昭和30年代

合　計	**119 団地**	**47,259 戸**
内訳：東京都	65 団地	17,207 戸
千葉県	7 団地	13,320 戸
神奈川県	29 団地	8,856 戸
埼玉県	18 団地	7,876 戸

東京都（65 地域）
西神田二丁目（昭和 37 年／ 27 戸）
勝どき四丁目（35 年／ 77 戸）
赤坂（34 年／ 126 戸）
北青山三丁目（38 年／ 251 戸）
潮路橋（38 年／ 111 戸）
南青山三丁目（39 年／ 70 戸）
南青山三丁目第二（39 年／ 164 戸）
赤羽台（36 年／ 2,208 戸）
西ケ原（38 年／ 66 戸）
常盤台（35 年／ 40 戸）
常盤台第二（35 年／ 33 戸）
志村一丁目（38 年／ 65 戸）
花畑（38 年／ 2,725 戸）
三鷹台（37 年／ 260 戸）
三鷹駅前第二（38 年／ 22 戸）
三鷹駅前第一（38 年／ 50 戸）
小平（39 年／ 1,766 戸）
多摩平（33 年／ 1,256 戸）
ひばりが丘（34 年／ 1,620 戸）
東久留米（37 年／ 1,550 戸）　ほか

千葉県（7 地域）
園生（38 年／ 140 戸）
市川真間（38 年／ 51 戸）
前原（35 年／ 140 戸）
高根台（36 年／ 4,024 戸）
常盤平（35 年／ 4,834 戸）
常盤平駅前（38 年／ 115 戸）
豊四季台（39 年／ 4,016 戸）

神奈川県（29 地域）
花咲（33 年／ 37 戸）
海岸通（33 年／ 460 戸）
山下公園（37 年／ 102 戸）
井土ケ谷（36 年／ 80 戸）
蒔田（39 年／ 260 戸）
仏向町（36 年／ 418 戸）
公田町（39 年／ 1,160 戸）
辻堂（39 年／ 1,911 戸）
浜見平（39 年／ 3,407 戸）　ほか

埼玉県（18 地域）
上木崎（33 年／ 72 戸）
領家立野（33 年／ 208 戸）
北浦和（34 年／ 16 戸）
浦和仲町（36 年／ 21 戸）
浦和領家（37 年／ 40 戸）
川口栄町（35 年／ 30 戸）
仁志町（36 年／ 63 戸）
川口幸町（36 年／ 33 戸）
川口仲町（37 年／ 81 戸）
川口並木町（38 年／ 39 戸）
川口青木町（39 年／ 133 戸）
草加（35 年／ 7 戸）（平成 19 年 8 月用途廃止済み）
草加松原（37 年／ 5,358 戸）
戸田笹目通（38 年／ 45 戸）
西鳩ケ谷（33 年／ 83 戸）（平成 19 年 8 月用途廃止済み）
鶴瀬第二（37 年／ 506 戸）
霞ケ丘（34 年／ 44 戸）
上野台（35 年／ 1,097 戸）　ほか

昭和40年代

合　計	**148 団地**	**164,518 戸**
内訳：東京都	66 団地	69,295 戸
千葉県	23 団地	34,732 戸
神奈川県	37 団地	28,255 戸
埼玉県	22 団地	32,236 戸

東京都（66 地域）
晴海四丁目（昭和 44 年／ 90 戸）
田町駅前（41 年／ 389 戸）
北青山三丁目第二（42 年／ 129 戸）
立花一丁目（49 年／ 1,589 戸）
大島四丁目（43 年／ 2,514 戸）
北品川二丁目（41 年／ 48 戸）
南六郷二丁目（45 年／ 1,118 戸）
希望ケ丘（47 年／ 1,826 戸）
幡ケ谷（41 年／ 215 戸）
豊島五丁目（47 年／ 4,959 戸）
高島平（46 年／ 8,287 戸）
竹の塚第一（40 年／ 1,522 戸）
金町駅前（43 年／ 1,417 戸）
舘ケ丘（49 年／ 2,847 戸）
けやき台（41 年／ 1,250 戸）
神代（40 年／ 2,092 戸）
町田山崎（43 年／ 3,920 戸）
国立富士見台（40 年／ 2,050 戸）
清瀬旭が丘（42 年／ 1,820 戸）
多摩ニュータウン永山（45 年／ 3,305 戸）ほか

千葉県（23 地域）
千葉弁天町（45 年／ 128 戸）
花見川（43 年／ 5,761 戸）
千草台（41 年／ 2,097 戸）
習志野台（41 年／ 1,820 戸）
小金原（44 年／ 2,064 戸）
袖ケ浦（42 年／ 2,990 戸）
湖北台（45 年／ 2,426 戸）　ほか

神奈川県（37 地域）
西菅田（46 年／ 1,350 戸）
海岸通四丁目（45 年／ 144 戸）
南永田（48 年／ 1,215 戸）
洋光台北（45 年／ 1,800 戸）
金沢文庫第一（43 年／ 213 戸）
左近山（43 年／ 2,104 戸）
青葉台（42 年／ 385 戸）
小杉三丁目（40 年／ 54 戸）
善行（40 年／ 2,271 戸）
鶴が台（42 年／ 2,355 戸）
相模台（41 年／ 850 戸）　ほか

埼玉県（22 地域）
浦和白幡（47 年／ 337 戸）
西川口（41 年／ 192 戸）
狭山台（49 年／ 1,843 戸）
西上尾第一（43 年／ 3,202 戸）
朝霞膝折（48 年／ 412 戸）
新座（45 年／ 1,197 戸）
久喜青葉（49 年／ 1,550 戸）
八潮（46 年／ 941 戸）
みさと（48 年／ 6,722 戸）
北坂戸（48 年／ 3,126 戸）
幸手（47 年／ 3,023 戸）
吉川（47 年／ 1,914 戸）　ほか

第二部
14の実践

郊外の行方と自然

大野秀敏

総郊外化する地方都市の風景

郊外は、第二次大戦後の人口急増と郊外文化を称揚する社会背景に押されて、際限なく拡大した。人々は都心を捨てて郊外に移り住んだ。これは世界的な傾向であり、日本も例外ではなかった。郊外化は最初は鉄道によって先導され、第二次大戦後は自家用車の普及によって加速された（日本の大都市では例外的に二一世紀の最後まで鉄道が変わらず主導権を握り続けている）。その結果、特に自動車への依存が大きい地方都市では、地域の距離構造が大きく変貌を遂げ、かつての地域の中心にあった都市は支配的地位を失い、代って政令指定都市クラスの都市がより広い地域を支配し、都心的役割を担うようになった。残りの中小都市では、中心市街地と呼ばれるかつての都心が崩壊し、いわゆる「シャッター通り」と化し、商店が順次駐車場に置き換わり、かつての都心と郊外の区別は消え、日本じゅう至る所に郊外のような風景が広がっている。そのような状況は、二〇〇〇年の大規模小売店舗法の改正によって大型商業施設が地方都市の郊外に進出して、さらに決定的なものとなった。大都市圏の郊外でも、ほぼ似た状態なので、俯瞰すれば、日本の都市風景は政令指定都市クラスの都心部の都心的風景と、それ以外の場所の郊外風景に再編成されつつあるといってよい。

人口縮小は郊外から起こる

ここに人口縮小と高齢化が重なると、郊外は都心以上に人口を失う。理由は冒頭で既に述べたように、高齢者が四割になる社会では、高齢者も女性も自ら稼がなければならないからである。隠居してはいられなくなり、老いた体に鞭打って働くには都心(働く場所)から遠い郊外居住では効率が悪い。そのうえ、何でも自動車がないと用が足せないという点も高齢者には不都合である。高齢者の自動車事故率は高い。環境問題の深刻化も自動車依存の罪悪感を高める。

そして何より、日本の郊外住宅地は高度成長期に歩調を合わせて、寸詰めを繰り返し、都心を離れて緑豊かな広々した住環境という本来の郊外の居住像とかけ離れてしまっている。郊外に固執する理由は何もない。かくして人口減は郊外から起こる。人口が減れば、あらゆる生活サービスのコストが高くなるので、ますます住みにくくなる、という負のスパイラルが始まる。

二一世紀の都市像コンパクトシティ

そこから、郊外型の拡散した居住形態がいけないということになり、今後の都市形態は、コンパクトでなければならないと結論づけられる。これが、現在の日本の主流の議論である。

おそらくコンパクトシティは二一世紀の都市モデルとして重要な位置を占めることであろう。ただ、コンパクトシティは議論されだしてから日が浅いがゆえに、検討されなくてはならない課題は多数ある。その一つは、コンパクトのあり方である。二〇世紀に試みられた大都心分散化政策の多くが成功しなかったことからすると、小さな都心は住民にも商業資本にも魅力的ではないように思われる。このような観点から、首都圏のような鉄道インフラがしっかりしている地域では、郊外都市の目指すべきイメージは、孤立したコンパクトシティではなく、鉄道で数珠つなぎにした、ほとんど線状都市のような形態が望ましいと考えられる。これを、ファイバーシティを構成する都市戦略の一つである「緑の指」として提案した。

コンパクトシティのモデル

第二は、コンパクトシティの中身である。日本での議論は、コンパクト化のイメージがないまま、あるいは借り物のイメージでコンパクト化だけが議論されているきらいがある。西欧には中世以来の小都市のイメージがある。外から眺めての印象にすぎないが、これは西欧人の心のふるさとのようなものであり、彼らの間では共有された目標になっているのではないか。日本では、残念ながら小さな伝統的集落での生活は共有されたイメージとしては働かない。日本の伝統的な集落は、明治時代以来の近代化推進と西欧化推進のダブルパンチを食らって、人々の心のなかでの居場所を失っている。文化的意味づけを失った形態だけを無理してモデルに仕立て上げようとしても、せいぜいテーマパークにしかならない。しかも、テーマパークは商業戦略であるから儲からなければ維持できないが、すべての街が儲かることはありえない。地方都市の活性化策は常にこの陥穽に陥る。そんな出口のない思いをしていたときに、トークインに出場願った三浦展氏(事例4)から吉祥寺の魅力の分析を聞いて、吉祥寺は、コンパクトシティの目指すべき目標像の一つとして据えることができると感じた。JR中央線沿いの東京の西郊に広がる街は、日本のなかでは長い歴史をもつ郊外地域であり、成熟した「郊外」を見ることができる。郊外の成り立ちからすれば基本要件である住機能に単純化された土地利用は日本では厳格に運用されておらず、むしろ混沌としている。しかも、都心から離れているが広々した宅地という郊外の条件も満たしていないことが多く、相当建て込んでいる地域もある。それらが隣に位置する西荻窪の魅力や吉祥寺の活気の基礎をつくっている。吉祥寺は今でも都心で働く人々のベッドタウンであり、商業活動も彼らに対するサービスが中心である。三浦氏は吉祥寺を郊外と呼ぶことに違和感を感じていられるようだが、私は吉祥寺は「郊外」のスーパースターとして一つのあり方を示していると見たい。

二一世紀の都市像のオルタナティブ

最大の問題は、コンパクトな形態だけを唯一の目標像としてよいのかということであろう。昨今の日本におけるコンパクトシティブームを見ていると、発想はいまだに近代主義的であるとの印象を免れない。確かに、主題は高齢化であり、環境問題であるが、拡散した郊外がだめとなると、いっせいに方向転換してコンパクトシティに向かうところが二〇世紀的に見える。ついこの間まで、都心の公共施設を国や自治体が率先して郊外に移してきて、住民も郊外に住宅を建てたので、今や相当なストックが「郊外」に蓄積されている。それを捨てて、再び「都心」

に投資をしろというのだろうか。ローンを組んで郊外に夢を託した人たちに向かって、郊外はやがて立ち枯れし、実は夢はここにはないというのだろうか。コンパクトシティ論にはそういう非情さがある。われわれは、父の世代がつくったものをせっかちに評価し、簡単に断罪する。吉祥寺だって、ついひと昔前は、画一的な郊外住宅地の一つでしかなく、その前は、江戸時代の新田開発の集落が散在する田舎であった。

二一世紀の都市計画は、ストックを大事にし、あるものを大事にしながら組み上げていかなくてはならない。われわれが考えるべき問題は、拡散した郊外を環境的にも問題がないようにし、高齢者にも住みやすくする工夫がないかということである。おそらく、そのような工夫を期待できるのは、行政より企業であろう。都市づくりにおいて、税収が減り出番の少なくなる公共に比べて、企業はこれまで以上に大きな役割を担うであろう。

林純一氏（事例3）はベネッセの高齢者事業を推進する責任者である。

増える緑

郊外や地方都市の将来の形態がどうであれ、「緑」が都市の前景に躍り出てくる。日本の都市と欧米の都市の公園面積を比べて、いかに日本の都市において緑地が不足しているかを示すかというのが、これまでの都市ビジョンのお決まりであったが、これからはあり余る緑の管理に苦しむだろう。ファイバーシティでもこの問題を指摘しているが、計画としては抽象的な「緑」以上のものにはなっていない。

二人のランドスケープアーキテクト、三谷徹氏（事例1）と石川初氏（事例2）は、正しくそこを突いてきている。そして明確な代替案を提示している。庭園と農業は、今後、都市計画、建築を考える際にもっとも重要な課題になるだろう。

1

「庭」からの発想：緑の量から質へ

三谷 徹 Toru Mitani

「縮小する都市に未来はあるか？」展に展示された、東京の未来の一構想「ファイバーシティ」の大きなマップモデルは圧巻であった。特に印象的だったのが、モデルの半分近くを覆う（かのように見える）緑の量である。多くの人々は、都市が大きく豊かな緑に囲まれ、環境のよい豊かな生活が取り戻されるという好印象をもつであろう。しかし一方、この増大する緑を見て、一種底知れぬ不安をもつ人もいるのではないだろうか。見ようによってはこのモデルは、緑に侵食され脅かされている都市というメッセージも放っている。

今日なお、環境問題解決の糸口として都市緑化の確保が話題となることが多い。し

三谷 徹（みたに・とおる）
一九六〇年静岡県沼津市生まれ。八三年東京大学工学部建築学科を卒業。八五年同大学院修士課程修了。八七年ハーヴァード大学デザイン学部大学院ランドスケープ修士課程修了。八七～八八年コロラド州立大学客員講師、チャイルドアソシエイツ、ピーター・ウォーカー&マーサ・シュワルツ事務所勤務。八九～九五年、ササキ・エンバイロメント・デザイン・オフィス(SEDO)に勤務。九二年東京大学大学院博士課程修了、博士(工学)。九六～二〇〇二年滋賀県立大学環境科学部環境計画学科助教授。一九九八年オンサイト計画設計事務所設立。二〇〇二年から、千葉大学園芸学研究科准教授。おもな仕事に、ノバルティスファーマ研究所、風の丘葬祭場、府中市美術館、VILLA FUJI、福井県立図書館・文書館、第二吉本ビルディング、HONDA和光ビル、島根県立古代出雲歴史博物館のランドスケープデザイン。

かしファイバーシティを見るかぎり、人口縮小によって緑の「量」の問題は解決されるのではないか。むしろ量の確保よりも、その「質」が問われることが少ないことが問題である。都市の緑の問題は、ややもすると、CO_2削減効果、ヒートアイランド効果の抑制、バイオマスシステムなど、数値で表される環境問題として扱われている。しかし都市生活者にとっての緑の質は、今はやりの「いやし」という言葉がメディアを舞っているのを目にするくらいである。

ここでは、縮小する都市における緑の量の問題ではなく、その中身の問題に少し光を当ててみたい。すなわち、その緑とは具体的に何であるのか、そこで何が起こるのか、この増大する緑への対処がいかにわれわれの文化様式となりうるのか、なりえないのかである。

問題の一つは、緑が生活圏に対し明快な境界をもった対比項（「図」に対する「地」、あるいはその逆）として見なされやすいことである。

加えてそれが「緑地」と呼ばれた瞬間に、都市生活者にとって都合のよい自然――すなわち都市のストレスが開放されるいやしの場――を想起させてしまうことである。この短絡的な図式は、高層棟への高密な集住により、太陽と緑の豊かなオープンスペース（緑地）が確保できると宣言したル・コルビュジエの近代都市理論によるところが大きい。いずれにしても、今日の都市（生活圏）と緑地との間には明快な図と地の関係が成立しないのが現状であり、むしろその境界にやっかいな問題が発生する。

このことを示唆するのが、今日郊外で問題となっている「粗放化空間」である。たとえば千葉県の都市近郊農村地区を対象とした調査では、「管理放棄地（いわゆる休耕田など）」「資材・廃棄物置き場」「森林内不法投棄地」などの急速な拡大が観察されている[*1]。まず着目すべき第一の不安は、管理放棄農地、資材置き場といったものが、今後増大する「緑地」の周辺部に広がっていくであろうことである。生活圏と緑地の間には、実は大きな荒廃地が広がる風景を想定しなければならないのである。しかし第三の「森林内不法投棄」の問題はさらに深刻である。これは、本来手つかずのはずであった自然緑地がさらに痛めつけられるという負の社会現象を暗示するからである。一見生活圏の縮小は自然緑地の保全に有効に見えるが、逆に緑地が新たな無法行為を助長する可能性をもっていることを意味している。

生活圏と緑地は明確な図と地の関係を持ちえないであろうこと、むしろ緑地が生活圏の矛盾を受け入れる場として荒廃することも想定しなければならないようである。

一方、管理の手法も問題になる

少子高齢化社会では、生活圏内につくられる小規模な「緑地」も不安要因をかかえる。たとえばある報告によると、いくつかの集合住宅地においては、高齢化が進んだ結果、年金生活のなかから緑地管理の管理費を捻出すること自体に疑問が生じてきており、むしろ素人の手に余る喬木類をみな伐採してしまうのがベストの解決法と判断する自治会も現れているという。あるいは、不動産価値の面からも小さな緑地が統計的にマイナスの効果を示す報告もある。住宅地域内では大きな公園や大学キャンパスはともかく、小公園となると、公園に一〇〇メートル近づくにつれ地価が坪二・八万円の割合で下がっていくという[*2]。この要因はおもに、周辺住民が落ち葉掃除などの緑地管理作業を負わされることを嫌うからであり、さらに近年は防犯的不安感も加わり、結局、緑に隣接する住区が敬遠されるというお粗末な現象が現れているのである。

*1 「都市近郊農村地域における集落域の粗放化現象とその空間的特徴に関する研究」(大庭隆嗣、二〇〇六年度千葉大学自然科学研究科環境計画学専攻修士論文)

*2 「緑地の存在が周辺地価形成に与える影響に関する研究」(山根尚文、二〇〇六年度千葉大学自然科学研究科環境計画学専攻修士論文)

管理の話になると、受益者負担公園の提案がある。しかしこうした報告を見るとき、甘やかされた都市生活者に負担を求める緑地計画が疑わしく思えてしまうのは、杞憂にすぎるであろうか。

ここには二、三の例を挙げただけであるが、これらは緑地増大の現実的ジレンマである。緑地は一方的に享受するものではないという意識、緑地は変容し制御を要するものという認識、これらの欠如から生まれるジレンマだ。特に都市経済のタイムスパンと植生のタイムスパンのズレがその原因であることが多い。森林など安定した植生の実現には数十年から数百年のスパンを要し、ツタ類の繁茂など好ましくない植生の管理には月単位の常時臨戦態勢が求められる。

こうしたジレンマを乗り越えるためには、緑そのものに対する人々の関心が持続的に保たれる必要がある。そのためには、物理的環境効果をうたった「量」の解決だけでは十分ではなさそうである。むしろ文化的モチベーションともいうべき「質」の創出を見据えなければならないであろう。

「庭」からの発想は、この文化的側面に光を与えてくれるキーワードである

人口縮小のなか、緑は行政から与えられるものではなくなる。個人個人の責任のもとに対処しなければならない問題ととらえなければならないことを、実はファイバーシティは語っている。個人の治める緑地とはすなわち「庭」にほかならない。「緑地」という呼称をいったん保留し、「庭」に置き換えたとたん、それは三人称の出来事ではなくなり、一人称の世界に生まれ変わる。

「緑地」とはたぶんに近代都市計画的色合いを帯びた用語であり、ランドスケープ

アーキテクチュアもある意味、緑地の計画者として位置づけを得てきた。そのなかで、いわゆる「ガーデナー」（庭に携わる者）の社会的位置づけが等閑視されてきたことは、ここにきて改めて反省すべきことではなかろうか。近代都市において「庭」は趣味の領域と見なされ、都市の正式な構成要素からはずされたままであった。

ところで古来、都市と庭の関係は果たしてそうであったであろうか[*3]。

古今の名園などは単体として鑑賞されがちであるが、それは決して都市と無関係ではない。たとえばイタリア・ルネサンスの名園、ヴィラ・デステも、その立地をよく見れば、バニャイアのまちと丘陵森林を物理的にも象徴的にもつなぐ不可分の構成をとることに気づく。決してまちと無関係な自己完結した空間ではない。理性から野性へというテラス式空間構成は、大きなスケールにも反映されており、都市、庭園、狩猟場、森という段階的境界を形成する。このルネサンスの幾何学を肥大化させたル・ノートルのヴェルサイユ宮庭園などは、さらに密接に都市と関係を結ぶ。ヴェルサイユのまちのバロック様式の整備は、都市からの発想ではなく庭園形態の鏡像として履行されたことが知られている。バロック式都市構成は庭園で試みられた理性と野性の交錯の反映なのである。

こうした支配階級の大きな庭園だけではなく、市民階級のいわゆる住居の小さなニワも、都市を構成する大事な細胞組織として見直される必要がある。洋の東西を問わず、タウンハウスと庭の空間構造はそのまま都市形成の文法となる。日本近世の町家がつくり出す密実な都市空間も、通り庭とその奥の緑が集積していることにより、住区全体としては、通風のよい衛生的な生活環境を保証していた。このような住戸の庭に着目した都市計画は、近代初期には発想されており、たとえば田園都市構想のラド

*3 『庭園と都市』（三谷徹、都市史図集、彰国社、一九九九年）

■左頁の写真は、ワシントン州ベインブリッジ島のブルーデル保留林。ブルーデル保留林はブルーデル夫妻が自らの所領地に、少しずつ手を加え整備した森林である。

●ブルーデル保有林内の庭の一つ「黙想の庭」は、複数の作家が夫妻の折々の依頼に応じて継続的に手を入れ完成した庭である。作庭者のリストには、トーマス・チャーチ、リチャード・ハーグ、ローレンス・ハルプリンなど著名なモダンランドスケープアーキテクトの名が見られる。ツガ、シーダー、パインなどの針葉樹林を抜けていくと、イチイの生垣に囲い込まれた矩形の静寂な空間が待ち受けている（左頁上）。

●ブルーデル保有林の六〇ヘクールに及ぶ土地の約六割が再生二次林であり、そのなかには、地元の庭師とともに夫妻が自らつくった庭、著名なデザイナーを招いて計画した庭などが点在する。一つの庭としてつくられたものもあれば、自然林地や草原の風情をそのまま庭的に見立てたものもある。夫妻の没後、ブルーデル保留林は森林基金の所轄のもとでシアトル近郊の観光地として経営されている。一帯の自然緑地管理の結果、野鳥生息域の保全にも寄与しているという。訪れるのは、一日かけてゆっくりと森と庭で時を過ごすことを愉しみとする人々ばかりである。宿泊プランと組み合わせると立派なリゾートともなる（左頁下右、下左）。

バーンなどがある。これもイギリスの古くからあるローハウスの裏庭を利用して、車社会における都市の骨格を形成した事例である。

このように伝統的都市には、近代が大鉈をふるい機能的な公共緑地を組み込もうとする以前から、個人の庭の集積として相当量の緑が内包されていたはずである。しかもそれは各時代、各文化の結晶ともいえる質を備えていたことはよく知られている。都市はもともと庭という文化の緑とともに編み上げられていたともいえる。「庭」は、拡張する近代都市においては、大規模な緑地計画の背後に隠れ、その意味を見失われていたが、今縮小する都市に対面するとき、改めてその有効性を示してくれる。

ここでいう「庭」とは、必ずしも建築に付随するニワに限らない

その一つの型としてランドアートや環境アートを挙げることができる。ランドスケープアーキテクトが緑地を近代機能空間として位置づけるのに忙しくしている間に、忘れ去られた自然の意味は、ランドアートのような環境アーティストによって息を吹き返した。彼らは自然の保全と利用といった計画的立場の人間ではない。近代一個人として、自然現象の神秘に改めて畏敬を表明する空間、二〇世紀様式の庭園ともいうべきものを模索したのである[*4]。

高齢化社会のなかで経済効果を上げているリゾートなども、一つは庭の文化として位置づけられよう。貯蓄と自由時間を有し、高い教養レベルにある高齢者の人気を集めているリゾートは、高度成長期のレクリエーション施設とは異なる質を求められる。そこには自然の解釈、都市と自然の関係などを問う文化的テーマが求められている。こうしたリゾートは施設で満足を与えることより、自然緑地の切り取り方に成否がかかっている。いってみれば、都市の触手が自然の一角をそのまま生け捕りにする手法であって、日本的な発想をもつ大きな庭と見なすこともできる。着目すべきは、リゾート施設の存在により、その周辺環境に持続的な手が入ることである。自然の価値を認めつつ文化的な背景を透かし見る型として、自然環境を制御していく。これは庭のかたちにほかならない。

「庭」からの発想は、緑地に対する視座の変更を要請する

その一つは、パブリックの発想からプライベートな発想への転換である。人口縮小で

*4 ジョン・バーズレイはアースワークの手法を現代ピクチュアレスクのサブライムと評する。John Beardsley " Earthworks and Beyond"(Abbeville Press 1984)

租税収入の増加が期待できない都市において、人の手を離れた緑地、しかも増大する緑地の管理を公で賄うことは不可能であり、それらの土地を個人に任せざるを得ない。その個人に庭の文化があれば緑地は有効な資源となる。しかし庭への嗜好がない都市の緑地はすなわち粗放地、ひいては荒廃地となり都市そのものを脅かす存在となろう。この岐路は庭の発想をもつ都市文化が育っているか否かの紙一重で決まる。

また一つは、面的計画の発想から、点的発想への転換である。都市近郊に広がる緑地は手に余る量であろうし、それを都市計画的に「面」として制御しようとするのは無理がある。むしろ、手の入らない部分が余ろうとも、小さなそしてすぐれた庭が点在していればよしとする考え方に立てばよい。「庭」という点空間は、緑地という荒海に浮かべられた観測ブイ、文化的測量点とでもいうものになろう。

庭の発想はすべて、緑地を機能性から評価することをいったん停止し、文化性から見直すことを意味している。それはCO²削減とも、都市熱のクールダウンとも無縁である。また、植物を育て、愛で、また収穫を祝う心の愉しみのためのものであり、アートとしての植物園芸である。願わくはそれが、たぶん亜熱帯都市となっているであろう二一世紀の東京における、増大する緑への畏怖の空気が漂う空間様式として成熟していってほしい。

物理的環境への効能は、その後期待すればよいではないか。うまくすれば結果として現れるであろうし、現れないかもしれない。緑にご利益を求めたのが近代であるとすれば、まずは緑を恐れ、祈る基本的な文化の形成、それが今求められていると思う。

2

郊外の減風景

石川 初 Hajime Ishikawa

「緑」の意味

「ファイバーシティ」構想のなかで、特に印象的なのは「グリーンフィンガー」と名づけられた東京のマスタープランである。プランに示された鉄道駅からの歩行距離に縮小されたコンパクトシティのネットワークと、それを取り囲む広大な「緑地」はちょっと壮観である。

都市の計画・構想において、都市を囲む背景となる「都市でない場所」として緑地が選ばれがちな理由の一つには、その「手離れのよさ」にあると思われる。植物群に

石川 初（いしかわ・はじめ）
登録ランドスケープアーキテクト(RLA)。一九六四年京都府生まれ。八七年東京農業大学農学部造園学科を卒業。鹿島建設建築設計本部を経て、現在、株式会社ランドスケープデザインに勤務。設計部副部長。おもに、建築物や都市施設の外部空間の設計に携わる。関東学院大学非常勤講師。著書に『ランドスケープ批評宣言』（共編著、INAX出版、二〇〇二年）など。日本造園学会、調布まちづくりの会、東京スリバチ学会、東京ピクニッククラブ、瀝青会などに所属。

対して抱く抜き難いイメージとして、それが自立生成する系をなす、というものがある。植物は勝手に生長し、そこに生え続ける（と思われている）。「コンパクトシティ」という方法は、今後ますます減少する限られたリソースを、限られた土地に寄せ集めることによって都市を都市として維持する戦略である、といえる。いわば、延びた補給路を断ち切る作戦である。その場合、都市部以外の土地にはもう資源は回ってこないわけである。だから、都市の撤退によって生じる「空地」に対しては、ほうっておいてもある程度の水準の秩序系が維持される土地利用が都合よい。加えて、私たちは緑多き風景を好ましく感じる、という傾向をもっている。

だが、緑が安定して持続的に自立生成する「動的平衡状態」を獲得するためには、かなりの時間と規模が必要であるし、そのような状態を意図的に出現させるにはむしろ、相当に周到な計画と維持管理が必要になる。おまけに、私たちが好ましく感じる緑の風景は多くの場合、必ずしも原生林的な自立した緑ではなく、たとえば「里山」のように、長年にわたって人の手が入った、一定の撹乱によって成立している生態系によってつくられているものである。

そこで、「都市でない場所」の土地利用にあたって私たちが考えるべきことは、たとえそこに緑を出現させるという意図のもとに構想するにせよ、緑という「非・都市的な土地利用」をもって都市であった土地に代替する、ということではなく、その土地に対する「手の抜き加減」をどのように計画するかということではないだろうか。

「圏外」のマネージメント

さて、東京の近郊をカバーするグリーンフィンガーは、私が住んでいる調布市の市域もカバーしているが、よく見てみると、私が現在住んでいる住居も、近日中に引越し予定の新居も、緑に埋もれている。実際にどちらかを選ばなければならないとしても、私自身の傾向からいって、都市部ではなく都市圏外の「緑居住」を選択するだろう。そういうわけで、野暮を承知で、緑色のスポンジをいったんはぎ取って、より具体的に「緑地」の成立の可能性について、ポジティブに考えてみようと思う。

グリーンフィンガーの試算には、「圏外にそのまま残る住民には、圏外のインフラ維持に要する費用を相応に負担してもらう（受益者負担）」とある。圏外住民の負担だけで、それなりの好ましさを保った「緑地の維持」は可能だろうか。

たとえば調布市の市域で、「圏外」に塗られている土地は約九〇五・六ヘクタールである。緑地の維持管理費用はその程度によってさまざまだが、一般的な集合住宅などの場合は年間五〇〇円／平方メートル程度である。この金額で圏外緑地の総面積をカバーすると、四五億二八〇〇万円ということになる。正確な圏外人口は予想できないが、仮に私のような「緑色の中に住む派」が全体の五パーセント程度存在するとして、調布市の人口二二・四万人のうち、一万七〇〇〇人が圏外居住者になるとすると、一人あたりの負担は年間四二万円程度である。わが家は四人家族なので、年間一六八万円。「圏外居住税」として、これはちょっと高すぎる。

そこで、一世帯あたりの年間の負担を一〇万円に抑えることを考える。世帯当たり平均三人として、総世帯数は三五七〇である。その場合、総予算は三億五七〇〇万円。そのうえで、負担すべき土地を限定する。仮に、圏外居住者の住宅地面積を平均三〇〇平方メートルとし、この「私有地」を総面積から除外する。さらに、多摩川の河川敷や、大学や公的研究施設のキャンパス、都立公園、道路などの面積、既存の農地面積などを除外する。残った「緑地」は三四六・四六ヘクタールになる。しかし、ここまで減らしたとしても、総予算を面積でならすと維持費の予算は年間一〇三円／平方メートルになってしまう。

では、管理にメリハリをつけることにする。「緑地」の五パーセントに予算の五〇パーセント、一五パーセントに予算の残り五〇パーセントを投入する。五パーセントには一〇〇〇円、一五パーセントには三五三円使うことができる。これならば、圏外住民の宅地の周囲やおもな道路沿いくらいは、ピクニックも可能な芝生のある緑地として管理できるかもしれない。ただし、残りの八割は放置された土地である。

「放置地」はどのような光景を呈するか。それを予感させる先行事例はたとえば、埋立て地やニュータウン予定地の未利用区画の荒涼とした様子や、耕作放棄された農地、人手の入らなくなった薪炭林などの、不法投棄された廃棄物が点在する藪などに見ることができる。そのような土地と、私たちはどのように向き合えばよいだろうか。もちろん、「都市の廃墟が見え隠れする荒れ地」を愛でる、新しいメンタリティが育まれる、という可能性もなくはない。それはそれで「文化」であるといえはするだろうけれども。

「緑」のスケール、「庭」の風景

あるいは、五パーセントの「集中管理区」を逐次移動させていく、というやり方もあるかもしれない。経験的に、植栽が「軌道に乗る」のには三年ほどかかる。そこで、三年ごとに集中管理区の位置を見直し、新しい場所を塗りつぶしていくことにする。土地の裸地化と苗木植栽くらいまでは、撤退する都市部に負担してもらう。その後、三年間の集中管理で苗木を養生して、次の区画へ移動する。いわば「焼き畑の逆」である。こうすれば、いずれ「全圏外」をカバーできるし、管理を行う個所とタイミングを地形や水系、既存の植生などに合わせて、より効果的でエコロジカルな緑地の育成が可能になる。これだと一回りするのに二〇年かかるが、むしろ、このスピードを都市の縮小の速度にしてはどうだろう。圏外の土地の「恢復」に要する時間に合わせて、段階的に都市部をコンパクトにしていくのである。撤退が完了するころには、圏外は若い雑木林くらいにはなっているかもしれない。ダムや道路、排水路などの都市インフラがしばしば巨大なものとなるのは、都市の基盤スケールの問題を一気に解決しようとするからである。植生の推移が建設のスケジュールを決める、というくらいの時間尺度で計画を行えば、「痛い建設」はずいぶん回避できるのではないだろうか。

ただし、こうして生み出された広大な「共有地」の利用のしかたをどのように管理するか（管理できるか）、という問題は残る。フェンスで囲ってしまったりしては本末転倒だ。いっそ共有をあきらめて、「空地」はその近隣の住民に使用権を渡してしまう、というやり方はどうだろう。個人のガーデニングで占められた土地ならば、公共の管理費はゼロである。

調布市の公園と宅地の面積を合わせると一一一七・二ヘクタールである。これが、人口減少にともなう「潜在空地面積」である。平成一三年度の、総務省「社会生活基本調査」によると、一〇歳以上の人口のうち、三二パーセントの人がガーデニングを趣味として挙げているそうである。同じ割合の趣味人が調布に存在するとして、一〇歳以上の人口の三二パーセント、六万一八二六人が「潜在ガーデナー」である。一世帯平均が三人とすると、調布市には約二万世帯の「希望のガーデンファミリー」が存在している。「潜在空地面積」をこの世帯数で割ると、一世帯あたりの「負担ガーデン面積」は五四二・一平方メートルである。このくらいの規模であれば、個人園芸で管理することは可能である（と思う）。生垣と菜園と花壇と果樹が連なる、個人のガーデンが続く郊外風景が出現するわけである。住民は年計画的な憂いもなく、自分のガーデンに没入できる。一般的に個人庭は管理の楽な植栽へチューニングされていくため、時間が経てば経つほど、庭のパッチワークは地域の微気候を反映して多様化するだろう。ガーデンシティである。これはこれでまた、土地のマネージメントの文化への昇華である。

「撤退の局面」においては、都市デザインの対象は「物体」でなく「プロセス」となり、「スケール」は距離や空間でなく「時間」となるのである。計画に過程と時間があらかじめ折り込まれている、というのは、まさに園芸のスキルに似ている。もしかすると、これからの都市計画者には、ガーデニングの資質も求められるかもしれない。さしあたってみんな、ベランダでハーブでも育ててみてはどうだろうか。

●空き地（上）
●庭園化した空き地（下）

3

郊外の老人ホーム
高齢化社会の生活像を、統計と
シルバー産業の第一線から報告する

林　純一　Junichi Hayashi

林　純一（はやし・じゅんいち）
株式会社テレマーケティングジャパン代表取締役副社長。一九六一年東京生まれ。八四年福武書店（現ベネッセコーポレーション）に入社。約二〇年間進研ゼミ事業で、おもにマーケティングと事業・サービス開発分野に携わる。二〇〇三年より、グループの介護事業会社である、ベネッセスタイルケアへ出向し、有料老人ホーム事業の営業・マーケティングの責任者を務める。〇八年ベネッセグループのダイレクトマーケティング支援事業会社テレマーケティングジャパンに移り、現職。

はじめに

二〇〇七年四月現在、日本の六五歳以上の高齢者は約二六九〇万人で総人口の約二一パーセント、うち介護保険受給者である要介護高齢者は約二九〇万人で、六五歳以上の人口の約一一パーセント弱、高齢者の比率は二〇一五年過ぎには二五パーセント、二〇五〇年には約四〇パーセントに達すると予測されています。一方、要介護高齢者は、先の介護保険制度改訂で軽介護度の人が介護予防サービス給付となる、など制度的な動向と、要介護状態になる疾病対策や認知症予防など医療技術の開発で、若干は低下することが予想できます。

こうして現在わかる数字をもとに、大野秀敏先生が提唱されたファイバーシティの一つのユニット、半径八〇〇メートルの街を具体化・定量化し、その生活のあり方、街の機能のあり方を想像してみよう、というのが、「縮小する都市の未来を語る」というイベントで偶然、話すことになった私のテーマでした。

突然、畑違いな都市計画のイベントで講演することになってしまった理由は、二〇〇七年まで四年間出向していた、ベネッセグループの介護サービス事業会社、ベネッセスタイルケアでのマーケティングと営業の経験です。

ベネッセスタイルケアは、介護付有料老人ホーム事業と、公設民営形式を中心とした保育園事業が中心事業です。直営する有料老人ホームは、現在一二〇カ所と国内最大規模になりました。

有料老人ホームのマーケティングや営業とは、結局はそれを建てる街と人との対話です。その街がどのような姿をし、そこでどのような生活が営まれているのか、丹念につかみ、介護を必要とする方々に、一つの問題解決案として私たちのホームを知っていただくこと、そうしてご入居していただいた方々に、再びその街で豊かな時間を長く過ごしていただけるようにお手伝いをすること、そんなかかわりだと思っています。街というものに対して、建築設計を主にされる方々とは、少し違う見方をしているのかもしれません。

ファイバーシティの具体化

今回、提唱されたファイバーシティという考え方は、街をある規格でパターン化したという点で非常におもしろい効果を生み出しています。半径八〇〇メートルの街がモジュールとなるために、そこでの施設設計や運用のあり方がほかのユニットでも展開・応用しやすくなります。

この街の生活を現実のものとしてシミュレーションしてみるために定量化を行いました。想定した地域は東京の郊外西側に広がる武蔵野エリアです。具体的には三鷹市の現在の年齢構成や人口比、そして社会基盤をベースに計算しました。都心部からは少し離れ、住宅地としての機能を中心に、JR中央線という基幹路線でつながり、古くから残る緑が多いこの地域は、ある意味、既に郊外型のファイバーシティのように思えたというのも一つの理由です。

半径八〇〇メートルの街の定量化

これはファイバーシティを構成することになる半径八〇〇メートルの街の様子を定量化したものです。年齢構成などは、今と大きく高齢化率が異なるであろう将来のバランスを使わず、現在の三鷹市のデータを適用しています。

街の大きさと公共施設

面積は約 2km^2

人口は 2 万 7500 人

1 歳以下の赤ちゃんは 411 人

中学生以下の子供は 3080 人

65 歳以上の高齢者は 5225 人

昼間に学校にいく人は 2915 人

昼間に働いている人は 1 万 7022 人

昼間就業も通学もしてない人は7563人

半径 800m の領域内には 1 万 3700 世帯

高齢者がいる世帯は 3822 世帯

高齢者夫婦世帯は 973 世帯

高齢単身世帯は 1188 世帯

保育所は 3.4 カ所

幼稚園は 2.4 園

小学校は 3.0 校

中学校は 1.8 校

老人ホームは 2.0 カ所

病院 (病院 + 診療所) は 2.0 カ所

警察署・交番は 3 カ所

コンビニエンスストアは 12 カ所

半径 800m での出来事

- 1 年に 16 件の火災が発生
- 交通事故が 2 日に 1 件起こる
- 救急車は 1 日に 4 件出動
- 1 日で 344 人が病院に行く
- 1 日で 33 トンのゴミを排出

これだけでも、ずいぶん街をイメージしやすくなります。住む側から地域を考えると、基本は小学校区、大きく見て中学校区が一つの手ごろな単位となります。そこに住んでいる人を具体的に想像できるからです。半径八〇〇メートルは、中学校区で約二つ、住む立場からも十分に把握できる規模です。

次に、特に高齢者にとってこの街がどうあるべきかを考えてみます。その前に、ベネッセが老人ホームを建てていくとき、街とのかかわりをどう考えているかを述べてみます。

街と有料老人ホーム

二〇〇〇年に介護保険制度ができる以前の民間の有料老人ホームというものは、郊外に立つ大型で高価なものというのが一般的でした。東京では社会福祉法人が経営する特別養護老人ホームでも地価が高い都心部には少なく、八王子市や青梅市など多摩地区に集中しています。それまで住んでいた街から離れて住むことが一般的だったということです。対してベネッセの介護付有料老人ホームは、最初の一軒から、住宅街のなかに建ててきました。住み慣れた街に住み続けたい、家族や友人との関係を維持し続けたいという希望にこたえるためです。商圏内に一定以上の高齢者の人口がある地域を選ぶことになり、結果として都心部またはその周辺地域が多くなります。

介護度が重い順に入居できる特別養護老人ホームに対し、そういった条件をもたない民間の有料老人ホームは、年齢や介護度にもばらつきがあります。料金も介護保険給付が多く、それ以外にも各種の補助金を得て低い利用料金を設定できる特別養護老人ホームに対し、高額にならざるをえない私たちの有料老人ホームは、その差を入居される方々にとっての価値で満たすために、「介護」以外の生活の質の部分まで付加価値開発を行う必要がありました。スタッフの配置人数を増やし、ホスピタリティを教育し、食事のクオリティを高め、建築設備にバリアフリーという域を超える豊かさを加えていくということです。

そうした経営努力ということを、どういう形で表現するか、会社ごとに実に多種多様であったと思います。

地域とホームの関係を見てみると、入居を検討する方、またはご家族は、ホームを中心に近接した範囲に住んでいます。スタッフも同様に近距離に住んでいる人が多いのです。結果として同じ地域のなかで完結する事業体になるのです。とすると、この地域のなかでホームが存在感を発揮し、住民との関係性を築いていくことが非常に大切になってきます。ホームのなかに住む人にサービス提供するだけでなく、街のなかで住んでいる人にも価値を提供する、街に頼り、街から頼られる存在になることが理想です。

現在ベネッセのホームでは、それぞれの街で、学校や地域の団体や商店街などと連携しています。子供たちが遊びに来たり社会見学や職業体験として訪問したり、入居者も運動会を見に行ったりしています。時には街の人に健康や介護の知恵を伝える勉強会なども開かれます。地域のなかで事業を行うということは、そういうことなのだろうと思うのです。

コレクティブタウン

今まで身体感覚として把握しにくい規模だった市や区が、複数のコンパクトシティのかたちで、大都市やその郊外地域さえも分割したとき、今より街と一体化した感覚が呼び覚まされるかと思います。「シティ」というよりは「タウン」という感覚に近いでしょう。

コレクティブハウスという、家の機能を部分共有する集合住宅形式があります。老人ホームもこのコレクティブハウスの一種です。この概念をさらに半径八〇〇メートルまで拡張し、コレクティブタウンと見たときに、新たな自治体システムが想像できます。すべての公的施設は本来的な市民の共有施設として活用する場となり、用途を監督側から計画したり限定するのではなく、もっとフレキシブルにつくられ、使われる気がします。自治体に対する心的距離感が根本的に変わる気がします。何を私有し、何を共有するべきか、どういう単位でまとまるか、生活スタイルも変化していくと思います。

社会資源や施設はもっとオープンになるでしょう。街の管理・運営、住民へのサービスも、公的サービスに住民税のかたちで一括払いするか、民間サービスに個別対価で支払うか、自らの時間を費やしてボランティアで行うのか、住む人の選択に任されていくでしょう。

そのタウン群に対し、効率的に社会基盤システムを配し、マネジメントしていく経営体として、都道府県や道州制という単位も悪くはないかもしれません。スケールメリットを追求するのはここです。今や、自治体のマネジメントの成否で、街の興亡は起こり、教育や環境、福利厚生といった指標で街が評価され、選択される時代です。人口がシュリンクする時代において、その差はさらに明らかになるかと思います。介護や保育といったサービスは、事業構造的には、一定以上の規模ではスケールメリットが利かなくなります。そこでスケールメリットが出るのは「知識と経験」であり、これをどれだけ共有できるのか。官は官、民は民と、線引きをするのではなく、住民のために知恵を集め、他者の経験を生かすしくみ、ネットワークをつくること。それこそが、自治体のマネジメントの妙かと思います。

ベネッセの全国一二〇のホーム群には他ホームの経験を自らのホームの経験につなぐため、過去の経験を今の出来事につなぐためのネットワーク、データベースが構築されています。ここで積み上げられたエビデンス情報や経営情報は、リアルタイムで共有され、たとえば大学の医学部と連携して分析され、社会の知としても共有されるしくみが機能しています。

高齢者の生活

このコンパクトシティでの高齢者の生活を思い描いたとき、女性の就労率の高まりで空洞化しはじめた地域コミュニティの新しい担い手として、つまりは主体的な自治システムを運営維持する人としてのシニア像が浮かびます。

高齢になった人のすべてが要介護になるわけではありません。子世代や親世代の扶養義務が減って余暇時間をもったアクティブなシニア層が社会のなかで新しい重要な役割を担っていくことになるのは必然です。街の外に働きに出る者、街の内で生活環境をつくる者、年齢・性別、産学官の枠を超えたコラボレーションが始まります。現にそのような事例は日本中で出現しています。

人口減の恩恵

人口減少は、そもそも悪いことなのでしょうか。何十年か前には人口の増大を危惧していたように思うのですが……。国土や社会システムにとって、適正規模の人口というのがあるように思えます。過疎も困りますが、過密も住みにくいものです。少子化は確かに不安要素ですが、高齢化は長寿の結果です。大切なのは一人一人の暮らしの豊かさのはずです。何がよいことか、何が豊かさで、何が幸せかをもう一度、考えてみることが大切なのだと思います。

人口減のおかげで身近な存在となる街を、住民の共有の環境として考えてみる、その集合体としてのファイバーシティで、発想を変えてみることは、私たちにとっても、とてもおもしろい、かつ貴重な機会となりました。

4

郊外田園都市としての吉祥寺

三浦 展 Atsushi Miura

郊外であって郊外ではない吉祥寺

私への原稿の依頼書に、私が吉祥寺の研究を通じて「建築家、環境学者から総スカンを食らっている郊外に積極的に光を当てているところが新鮮でした」と書いてあった。これだと「建築家、環境学者から総スカンを食らっている郊外」を私が弁護しているかのようにも読める。そして吉祥寺が郊外だとすれば、吉祥寺が建築家、環境学者から総スカンを食らっていて、その吉祥寺を私が弁護していることになる。そもそも私はずっと郊外を批判してきた人間だ。ルイス・マンフォード直系の郊外批判者だと自

三浦 展（みうら・あつし）
一九五八年生まれ。一橋大学社会学部を卒業後、パルコ入社。マーケティング情報誌『アクロス』の編集長として、東京論、郊外論、団塊世代論等により注目される。九〇年、三菱総合研究所入社。九九年、カルチャースタディーズ研究所設立。家族、消費、都市問題などを横断する独自の「郊外社会学」を展開。「下流社会」「ファスト風土」などの概念を提案し、社会学、家族論、青少年論、都市計画論、住居学など各方面から注目されている。

分では思っている（拙著『家族と郊外の社会学』[*1]『家族と幸福の戦後史』[*2]『ファスト風土化する日本』[*3]など参照）。

一方、吉祥寺は、私なんぞが光を当てるずっと前から人気があるエリアである。一人暮らしをする若者にとっても、新婚さんにとっても、高齢者の終の住処《ついのすみか》としても、吉祥寺は住みたい街として人気が高い。アメリカの旅行ガイドブック『LONELY PLANET』二〇〇六年版でも、東京に行って見るべきものとして、大相撲、原宿の少女ファッション、新宿ゴールデン街、築地市場に次いで吉祥寺は五位である（ちなみに六本木ヒルズは六位、銀座は八位、渋谷は一三位、浅草寺は一五位）。

それに、私は東京の都心は吉祥寺だと思っているくらいで、吉祥寺を郊外だなどと思ったことはない。吉祥寺は東京都の東西の真ん中くらいに位置するから、まさに都心ではないだろうか。というのは冗談だが、そもそも私が吉祥寺を研究したのは、吉祥寺が郊外的ではないと思うからだ。

では郊外の定義はなんだといわれるだろう。頭の固い人は定義をしないと思考が始まらないからだ。だが、郊外の定義は困難である。多義的だからである。一応、郊外の定義というか条件、あるいは特徴をまとめると次のようになろう。

【1】都心から一定以上の距離がある

ただし、この距離は都市の規模による。東京なら一五キロ以上離れないと郊外とはいいにくい。地方小都市なら三キロで十分である。しかし江東区などは、東京都心から三キロしか離れていなくても郊外的な性格をもっている。

【2】住宅地中心に開発されている

郊外は都市の外側という意味にすぎぬから、そこにあるのは農地でも何でもかまわな

*1　PHP研究所、一九九五年
*2　講談社現代新書、一九九九年
*3　新書、洋泉社、二〇〇四年

いのだが、私が論じてきた対象は主として郊外に新しく開発された住宅地であった。江東区が郊外的なのは住宅の建設が急激だからである。ベッドタウンと呼ばれる住宅中心の郊外に私は社会学的問題を感じてきた。この点は『家族と郊外の社会学』『家族と幸福の戦後史』にくわしく書いている。もちろん郊外にも、住機能以外にも最低限の商業機能はあるし、近年は都心に負けないほどの商業機能を有している。それどころか地方の郊外農村部にも巨大な商業施設が大量かつ急激に建設されてきた。こうした現象を批判したのが私の「ファスト風土論」である[*4]。

【3】若い核家族が中心である

郊外住宅地が開発された当初は、子育て期の三〇代から四〇代の核家族がその住民の中心になる。父親が都心で働くサラリーマンで、母親が専業主婦というようにライフスタイルが画一的になりがちである。同じ街区の住民は年齢も家族構成も所得もほぼ同じである。郊外のこうした均質性という特徴も社会学的問題を感じさせるものである。もちろん時間がたてば、若い核家族は年老いた夫婦や独居老人ばかりが住む地域になる。ニュータウンのオールドタウン化である。これが近年大きな問題になっていることはいうまでもない。少なくとも現代日本における郊外を定義しろといわれると、以上のようなことを並べるしかないのではないか。そして私が吉祥寺を郊外ではないと思うのは、吉祥寺がまさにこれらの条件を満たしていないからだ。

*4 『ファスト風土化する日本』（前掲書）

田園都市としての吉祥寺

吉祥寺の都心からの距離は二〇キロメートルほどで、その意味では確かに郊外である。そして、多くの住民が都心に通勤しているという意味で、たしかにベッドタウン的な側面ももっている。井之頭公園、玉川上水などを中心とした豊富な自然があるという意味でも郊外的である。緑の豊富さは東京の二〇キロメートル圏としては破格であろう。

他方、吉祥寺は都市的な機能をかなりもっている。吉祥寺は昭和初期に田園地帯が住宅地として開発されたが、昭和四〇年ごろには既に人口ののびがストップし、昭和四五年を過ぎると複数の百貨店、ファッションビルなどが進出して商業集積が拡大、多様化した。特に飲食店の多様性は都心の銀座、渋谷・青山・六本木などに次ぐほどであるといってもよいだろう。以前私が調べたところでは、和食店に対するエスニック料理店の割合は東京一である。一方、闇市的なハモニカ横丁も人気であり、実に商業は多様で充実している。また、劇場、美術館、ギャラリーなど文化施設もそろっており、都心に依存しなくても一定レベルの消費生活、文化生活が享受できる自足的な街である。

さすがに食料の自給自足はできないが、それでも武蔵野市内に八〇戸以上の農家があり、しかもまだ後継者がいるという。そして「地産地消」「食育」などの観点から、市内の公立小中学校で市内の農地でとれた食材を給食に出す計画もあるという。

さらに、富裕層の多い土地柄のため、彼らを相手にする金融機関、不動産業を中心として業務機能もかなり集積した。したがって就業人口が多く、夜間人口より昼間人口がやや多い。吉祥寺駅周辺に限れば、夜間人口よりも昼間人口のほうがずっと多いであろう。つまり、ベッドタウンとはほど遠い街なのだ。

このように吉祥寺は、豊かな自然をもったベッドタウンという郊外的性格を有するとともに、商業、文化面などではすぐれた都市性をもっている。「田園都市」「田園郊外」の名においてつくられてきたもののほとんどが居住機能に特化しただけのベッドタウンにすぎなかったことと比べると吉祥寺は異例の発展を遂げている。こういう街は、世界的に見てもかなり珍しいと思う（だからこそ前述したように『LONELY

PLANET』でも五位なのだろう)。そしてこれは、都市《タウン》の利便性と農村《カントリー》ののどかさが「結婚」した、まさに本来の田園都市の理念に近い街なのではないだろうか。

もちろん吉祥寺とロンドン北部の田園都市のレッチワースが似ているという意味ではない。あくまで、都市的なものと農村的、田園的なものがうまく融合しているという意味である。私は二〇〇四年にレッチワースを訪問したとき、レッチワース協会の方の話を聞く機会があったが、レッチワースも今は夜間人口よりも昼間人口のほうが多いのだという。一度は郊外の商業施設に客をとられ、レッチワースの商店街もさびれかけたが、さまざまな努力によって商店街の魅力をアップした結果だという。

コンパクトで歩ける街

さて、こうした吉祥寺の魅力を総合的に分析するために、私は二〇〇六年、筑波大学准教授の渡和由先生にお願いして、渡先生の専門であるアメリカの住宅地やプレイスメイキングの視点から吉祥寺を研究していただいた。その成果が『吉祥寺スタイル』[*5]という本である。

研究に先立ち、まず吉祥寺をフィールドワークし、それを踏まえてブレインストーミングするという活動を何度か繰り返した。その結果、「歩ける」「透ける」「流れる」「とどまる」「混ぜる」という五つの柱で、五〇の視点を整理した。そのすべてを本論で紹介することはできないので、特に重要な点をいくつか述べることにする。

まず重要なのは、やはり「歩ける」点である。正確には「楽しく歩ける」「歩きたくなる」街だという点である。一九七〇年代以降開発が進んだ郊外ニュータウンは自動車の普及を前提として開発されている。しかし、大正末期から昭和初期に開発されはじめた

*5 文藝春秋社、二〇〇七年

東京の西郊地域は、自動車が普及する遙か以前に開発されたので、街路が江戸時代以来の農道などを基礎としている場合が多く、よって道は狭く、しばしば曲がりくねっており、自動車の走行には適さず、防災上も問題がある。

しかし、同じ西郊であっても、吉祥寺は五日市街道、井の頭通りなど東西に走る道路を南北に結ぶ形でまっすぐな生活道路が何本も整備されているので、自動車は低速走行を余儀なくされるが不便というほどではないし、歩行者にとっても自動車の走行が見えやすく安全である。

また駅周辺には南北に吉祥寺大通り、公園通りという四車線の道路が二本あり、街に来た車はまずその二本の道路を利用するので、住宅地の内部にはあまり入り込まない。駅北口のサンロード、およびその西側のチェリーナード、伊勢丹、ロフトの周辺にはほとんど車が入り込まず、自転車すら入り込まないので、ほぼ常時歩行者天国である。さらに伊勢丹、東急、丸井、近鉄（現在はヨドバシカメラ）といった百貨店が駅の東西南北に分散して配置されており、その中間に小規模な専門店が多数出店しているので、ますます歩くことが楽しくなり、歩行者の回遊性が増した。

こうして駅から半径四〇〇メートルのなかに百貨店、専門店、劇場、美術館、郵便局、銀行、マンション、戸建て住宅が混在する、きわめてコンパクトな街ができあがった。吉祥寺の魅力は自然発生的に生まれたという解釈も多いが、実は、街の骨格となる街路と大型店の位置は都市計画によるものだということも明記しておきたい。

歩けることの意味

この「楽しく歩ける街」という基本的な性格は、吉祥寺の街の発展にとっては非常に重要だった。歩けるから、いろいろな小さな店にふらりと立ち寄るという行動が促される。だからますます魅力的な店ができやすいし、魅力的な店が増えればますます人が集まるという好循環が生まれる。商店だけでなく屋台も生まれやすい。大道芸人やストリートミュージシャンも集まる。それらのものが渾然一体となって活気のあるファンキーな街ができるのである。

近年日本中の地方都市で進行している中心市街地の空洞化は、まさに地方都市が車中心の社会になってしまい、歩いて楽しい街づくりを忘れてしまった結果である。そうした地方で人が歩く「街」は巨大なショッピングモールだけである。しかしそこにあるのは消費のためだけの空間である。そこには生産、労働、仕事の空間がない。それは都市としてはきわめて不十分である。

吉祥寺には、職人が食べ物をつくるところが見える飲食店や食料品店が少なくない。コーヒー豆を生から焙煎して飲ませる喫茶店もある。道から窓越しに豆を煎る姿が透けて見え、すばらしい香りが街に漂う。こだわりとプライドをもちながら働く人間の姿が見えるということは、その街で育つ子供にとっても大きな意味をもっている。

「歩ける街」は、子供が一人で歩ける街でなければならない。そして歩き回るうちに、働く人間の姿が自然と子供の目に入るということである。それは子供の成長にとってとても重要である。また、防犯という観点でも地元の小さな商店が多く、、歩いている人が多いことと、地域の人々がさりげなく子供を見守る雰囲気が生まれるので、犯罪が抑止されるというメリットもある。

モータリゼーションが進んだ地方都市では、子供は、鉛筆一本買うのにも親の運転する自動車に乗らなければならない。昔なら、学校の前にある文房具店に入り、あいさつをして、買い物をするのが当たり前だった。そうすることで自然に子供は自立心

武蔵野市の配偶関係別人口（15歳以上）

（単位：人）

年齢（5歳階級）	15歳以上人口			男				女			
	総数	男	女	未婚	有配偶	死別	離別	未婚	有配偶	死別	離別
総数	121,259	58,594	62,665	25,891	29,484	1,152	1,240	23,425	29,613	6,508	2,467
15～19歳	7,874	3,836	4,038	3,827	8	–	1	4,029	9	–	–
20～24歳	14,560	7,334	7,226	7,204	124	–	6	6,970	243	–	9
25～29歳	14,071	7,215	6,856	6,089	1,095	1	28	5,034	1,750	6	62
30～34歳	11,788	6,026	5,762	3,501	2,454	7	64	2,584	3,021	11	138
35～39歳	10,214	5,266	4,948	1,850	3,061	9	125	1,285	3,336	22	197
40～44歳	8,509	4,322	4,187	1,069	2,993	18	120	713	3,154	36	229
45～49歳	8,099	3,966	4,133	795	2,931	17	118	519	3,204	55	288
50～54歳	9,815	4,904	4,911	750	3,786	52	199	561	3,726	161	402
55～59歳	7,791	3,722	4,069	350	3,062	61	187	440	3,040	233	293
60～64歳	6,776	3,093	3,683	212	2,603	84	141	350	2,609	424	253
65～69歳	6,729	3,032	3,697	117	2,612	134	124	311	2,386	725	219
70～74歳	5,613	2,404	3,209	71	2,041	172	82	320	1,701	982	156
75～79歳	4,240	1,696	2,544	39	1,410	195	27	170	956	1,248	127
80～84歳	2,713	1,010	1,703	8	806	170	11	80	359	1,177	53
85歳以上	2,467	768	1,699	9	498	232	7	59	119	1,428	41

資料：総務省統計局（国勢調査報告）（注）15歳以上人口には配偶関係「不詳」を含む。

武蔵野市の昼間人口、夜間人口の推移

（単位：人）

年	昼間人口	流入人口			流出人口			夜間人口
		総数	通勤者	通学者	総数	通勤者	通学者	
55	140,035	59,097	36,338	22,759	55,568	42,563	13,005	136,508
60	143,994	64,077	41,603	22,474	58,681	46,391	12,290	138,598
2	152,586	75,393	49,821	25,572	60,916	48,982	11,934	138,109
7	153,379	77,395	52,995	24,400	58,526	47,579	10,947	134,510
12	152,425	71,221	50,775	20,446	54,526	45,073	9,453	135,730

資料：東京都（東京都の昼間人口）（注）昼・夜間人口は年齢不詳を含まない。

吉祥寺駅周辺5町の労働力状態別人口

（単位：人）

町名	労働力人口				非労働力人口（15歳以上）				15歳以上人口
	総数	雇用者	自営業主	家族従業者	総数	家事	通学	その他	
総数	71,352	57,595	7,353	2,093	45,346	21,453	12,502	11,391	121,259
吉祥寺東町	6,313	5,100	669	177	4,431	2,147	1,202	1,082	11,277
吉祥寺南町	7,270	5,728	892	227	4,585	2,178	1,209	1,198	12,343
御殿山	2,339	1,934	203	55	1,410	728	351	331	4,046
吉祥寺本町	6,087	4,688	788	237	3,646	1,568	1,128	950	10,365
吉祥寺北町	7,789	6,396	746	200	5,560	2,784	1,469	1,307	13,693

資料：東京都（平成12国勢調査東京都区市町村町丁別報告）

注（1）15歳以上人口に労働力状態「不詳」を含む。（2）総数に「完全失業者」を含む。（3）雇用者に「役員」を含む。（4）自営業主に「家庭内職者」を含む。

やコミュニケーション力を身につけたはずである。ところが、親の車に乗せられて、ショッピングセンターの文房具売り場に連れて行かれて買い物をするのでは、子供の自立心やコミュニケーション力は自然には育ちにくいのではないだろうか。

防犯面でも、自動車優先社会は危険である。近年青少年が連れ去られる事件が相次いだが、それらの事件は必ずといってよいほど地方都市の郊外部で起きており、連れ去りには自動車が使われている。地方の郊外部は、移動手段はほぼ一〇〇パーセント自動車なので、歩いている人はほとんど皆無である。しかし中学生以下の子供は通学、下校時に歩くので、連れ去りの対象にされやすいのである。歩く人がいない、商店街で働く人の目が届かないファスト風土的環境は、大都市以上に匿名的な空間であり、そのため犯罪が誘発されやすいのである[*6]。

*6 三浦展著『ファスト風土化する日本』(前掲書)、同『脱ファスト風土宣言』(新書y、洋泉社、二〇〇六年)、同『下流同盟』(朝日新書、朝日新聞社、二〇〇七年)

異質なものの混在

次に重要な点は「混ぜる」であろう。吉祥寺は異質混在の街である。吉祥寺に限らず都市とはそういうものだ。だが、銀座や青山のような上流の街は排除するものが多い。他方、渋谷のセンター街周辺だとまた別のごく限られたタイプの若者しか集まりにくい。下北沢も吉祥寺と並んで人気のある街だが、集まるのは特定の趣味やファッションの若者が中心で、吉祥寺ほど多様ではない。一つの街でいろいろな属性の人が集まり、それなりに居場所を見つけられる街としては、吉祥寺がベストではないだろうか。もちろん吉祥寺に排除がないとはいわないが、ほかの街と比べるとかなり多様な人々が集まっている街だといえるだろう。

なぜなら、吉祥寺にしかないカフェ、雑貨店、書店、ライブハウスなど個性的な店が多いため、そこにひかれていろいろな人が集まるのだ。ファストフード、ドラッグストア、居酒屋などの全国チェーン店も多数あるが、そういう店がどんなにたくさんあっても街の個性は出ない。その点、吉祥寺には、チェーン店ではない個人的な店が多いことが非常に大きな魅力になっているのである。

住民の年齢は高齢化しているが、一人暮らしをする若い世代も多く、大学、専門学校が多いため、若い人が日常的に多数集まる。夜は遠隔地からも若者が集まる。そのため夜間人口の年齢構成は郊外のニュータウンのように三〇代から四〇代の核家族中心ではなく、昼間人口も都心のように男性に偏らず、年齢も幅広い。武蔵野市内の人口は、未婚者と既婚者の数がほぼ同等である。大学が郊外に移転したことが地方の中心市街地の衰退の一因になっているが、吉祥寺では成蹊大学も東京女子大学も郊外移転をいっさいしなかったことも、街の継続的発展に寄与したといえる。職業的にも、男性サラリーマンだけでなく、キャリアウーマン、OLはもちろん、自由業、自営業が多く、演劇、出版、音楽、漫画・アニメ関係者も多いなど、やはり多様な職業の人々が混在している。

また、既に述べたように、吉祥寺には都市と自然がうまくミックスしている。商業施設も大型店しかないファスト風土的環境とは違うし、零細店舗しかない商店街とも違う。大きな店も小さな店も中くらいの店も混在している。ハモニカ横丁のようなかつての闇市的場所も、海外高級ブランドを売る専門店も、チェーン店も、個性的な店も、すべてである。だからこそますますいろいろな人が集まる。そして「楽しく歩ける街」だからこそ、歩いているといろいろな人が目に入る。これもまた都市らしい魅力であろう。このように吉祥寺は、郊外的な性格と自然的な性格とが、うまくミックスされている、世界的に見てもかなり独特な街なのである。

住宅と家族

大野秀敏

一九世紀の建築家たちのおもなレパートリーは博物館や駅舎や大邸宅などであったが、モダニズムの建築家は、それに集合住宅と小規模な戸建て住宅を加えた。モダニズムは一九世紀の産業革命がもたらした都市の荒廃から人々を救うために、衛生的で機能的な公共集合住宅の供給が必要であると考えた。一方、貴族や聖職者などに代わって社会の中枢を占めることになったのは、産業ブルジョワジーや高給管理職や専門職などの新興階級であり、彼らは旧都心を離れ郊外に独立住宅を求め、これがモダニズムの建築家の大きなマーケットとなった。このようにして、住宅がモダニズムの主要レパートリーとなり、公共集合住宅は社会的実験場を提供し、戸建て住宅は自由な造形や空間の実験場を提供したのである。

この二つのレパートリーの比重は国によって異なる。アメリカでは戸建て住宅が優勢であり、フランク・ロイド・ライトによる住宅を筆頭に、多数の名作が生み出された。イギリスでも戸建ての比重は高く、エベネザー・ハワードの田園都市は戸建て住宅の住宅地である。しかし、欧州も大陸に渡ると逆転する。シュトゥットガルトのジードルンクは集合住宅を主題にしていたし、現代都市計画の骨格をつくったル・コルビュジエの「現代都市」から「輝ける都市」に至る一連の都市プロジェクトは、いずれも集合住宅でできた都市である。ル・コルビュジエはサヴォワ邸をはじめ数々の戸建て住宅の名作を世に出したが、都市プロジェクトとなるとたんに戸建て住宅を冷遇した。

これらの違いは、それぞれの都市政策や都市文化、歴史の違いを反映しているのだが、日本の近代建築の悲劇（喜劇？）は、国民はアメリカ人に似て戸建て住宅を好むのに、建築家は欧州のモダニスムにならって集合住宅重視の価値観を引き継いだことにあった。その結果、不良住宅地の改良は、都市計画道路による公共空間の拡張と狭小宅地の統合と住宅の共同不燃化で進められた。また、建築家たちは塀で敷地を囲むことを諸悪の根源のように言い立てる。ほとんどの日本の建築家の処女作が戸建て住宅であるのに、日本の建築学校の設計製図では戸建て住宅は設計への入門課題以上の位置づけしか与えられていない。また、集合住宅ではいちばん需要のあるnLDKが建築家から目の敵にされる。その一方で、一般社会のモダニズムが地縁的共同体を壊しているときに、建築家が集合住宅を設計するときには共同体の形成を追い求める。すべてがよじれているので、建築家は住宅をとおして社会との接点をもとうとしてもうまくいかなかった。

しかし、二一世紀になって、住宅をめぐる状況は大きく変わろうとしている。集合住宅のストックは三〇パーセント（大都市部では四〇パーセント）にまで達している。ただし、これはモダニストの社会住宅ではない。一方、戸建てとは言いにくいほどに高密化した戸建て住宅も建てられ続けている。しかし、近世の伝統的住宅の面影はほとんど消え失せている。日本の住宅地を戦略的に再定義するには、業界的ステレオタイプの思考を捨てて、塚本由晴氏（事例5）のような冷静な観察眼が必須である。

単身世帯が最大になる「寂しい社会」では、人々は再び見守られることを望みはじめているが、地縁的なコミュニティは団塊の世代が壊してしまったので、人々は地縁的コミュニティを経験していない。コーポラティブハウスにコーディネーターが必要なようにコミュニティ形成にもコーディネーターが必要である。木下庸子氏（事例6）の試みは、建築家の新しい時代の役割を照らし出している。

5 ヴォイドメタボリズム

塚本由晴
Yoshiharu Tsukamoto

戸建て住宅のおもしろさ

住宅の設計は、いくらやっても飽きることがない。常に新しい「人の暮らし」との出会いがあり、敷地を含む「場所」との出会いがあり、それをつくる人たちとの出会いがあるので、それぞれ独特の味わいがあるからである。そのおもしろさは、よくいわれるように、住宅は小さいながらも建築としての複雑さと全体性を併せ持っているために、空間構成の実験としても十分なパフォーマンスが得られるからだともいえるし、一つの家族の生活に触れ、その質に大きな影響を与えるという意味で、社会的責任を

塚本由晴（つかもと・よしはる）
建築家、東京工業大学大学院准教授。一九六五年神奈川県生まれ。八七年東京工業大学建築学科卒業。八七～八八年パリ建築大学ベルビル校（U.P.8）を経て、九四年東京工業大学大学院博士課程修了。九二年貝島桃代とアトリエ・ワンを設立。おもな作品に、花みどり文化センター（共同設計）、ハウス・タワー、マド・ビル、ハウス&アトリエ・ワン（二〇〇七年グッドデザイン賞）、イズ・ハウス、ガエ・ハウス、シャロー・ハウス、ハウス・サイコ（American Wood Design Award, Merit Award 受賞）、モカ・ハウス、ミニ・ハウス（東京建築士会住宅建築賞金賞受賞、第一六回吉岡賞受賞）など。著書に、『図解アトリエ・ワン』（TOTO出版）『メイド・イン・トーキョー』（鹿島出版会）、『アトリエ・ワン・フロム・ポスト・バブル・シティ』（INAX出版）、『現代住宅研究』（共著、INAX出版）、『〈小さな家〉の気づき』（王国社）、『狭くて小さな楽しい家』（共著、原書房）など。
http://www.bow-wow.jp

肌で感じることができるからだともいえる。また個々の施主が、個別化する家族のあり方を映していて、社会学的な関心をくすぐるということもあるかもしれない。またそれら異なる種類のおもしろさが融合しているところにもさらなるおもしろさがあるといえる。

住宅作品と都市

こうしたおもしろさの種類というのは、さしあたっては建築としての住宅の創作における文脈にあたるものだと思われるが、そこで建築の社会性、公共性を考えるうえではずせないのが「都市」である。しかし都市を文脈として強く意識させる住宅作品というのは実はあまり多くはない。よく例に挙がるのは東孝光の「塔の家」と安藤忠雄の「住吉の長屋」だが、「塔の家」は道路拡幅で生じた極小の変形敷地という例外的な条件とそこに住み込もうとする生活の葛藤によって、「住吉の長屋」は町家の形式をコンクリートの箱と読みかえた新旧の対比によって、小さな住宅であっても一つの原理のように「都市」なるものとつり合うだけの意味の重さを獲得している。

この二つの住宅の建築作品としての歴史的評価は揺るぎないものだが、私をとらえている一つの疑問がずっとある。それはこの二つの住宅があまりにも個としての異彩を放っているがために群に接続するのが難しくなっているということである。建築としての住宅である住宅作品がより本質的に都市の問題に触れるのは、住宅が反復されるという事実をとおしてであろう。この反復の問題を都市空間の秩序形成のなかに再び位置づけることが、これからの住宅作品には強く求められている。なぜならそれこそが第二次大戦後の二〇世紀建築がなし得なかったことであるからである。

住宅地からUrban Detachedへ

その要因の一つが、戸建て住宅（Detached House）という形式である。もともとこの形式は都市的な密度をつくり出すものではなく、郊外の田園的な密度を想定したものであった。だから戸建て住宅の設計が都市を肯定するにせよ否定するにせよ比喩的にしか相手にできないのは当然だったともいえる。しかし高層ビルの上からわれわれが目のあたりにするのは、戸建て住宅によってどこまでも埋めつくされた地表を、公共の交通機関がくまなく結びつける都市的な光景である。この光景を指して「東京は戸建て住宅でできている」といっても過言ではなかろう。

　これには第二次大戦後の国家再建のなかで推し進められた持ち家政策が大きく作用しているわけだが、誰がこのような都市空間になることを予想しただろうか。個別の近視眼的な建設行為が結果的に紡ぎ出してしまった都市の光景は、アリが蟻塚をつくるような勤勉さに似ていて、ある種の感動すら覚える。それは、誰が考えたというのではなく、むしろ誰も考えたことがなかったがためにそうなったものである。近代主義が理想とした、集合住宅によって居住地域を集約し、広くオープンスペースを確保するゾーニング手法や、緑豊かな風景に住宅が点在する田園都市とはまったく別種のものがつくり上げられてしまったのである。それは個々が独立（Detached）していながら、その密度によって都市的（Urban）といえるほどになってしまったUrban Detached「住宅都市」ともいえる、新しいタイプの都市空間の様態なのではないだろうか。

パターンからモデルへ

こうした住宅都市の空間は、東京の二〇世紀の都市化が生み出したものとしては最大の広がりをもつが、その評価は一般的に高くない。なぜならこの都市空間のパターンはさらなる都市化によって集合住宅やオフィスビルに置き換えられていく、過渡的な状態であるととらえられてきたからである。しかし人口が減少し、爆発的な経済成長も期待できなくなった今、その認識は変換を迫られているのではないだろうか。特に経済活性化のための規制緩和に後押しされた六本木ヒルズのような大規模都市再開発の出現によって、その足元に広がる「住宅都市」はそれと対比的な都市空間のモデルとして改めて人々の意識に浮上してきた感がある。

「住宅都市」の原則

ここで「住宅都市」の原則を整理しておくと、「敷地の大きさと建物の大きさが小さめに抑えられ」、「それぞれの敷地に個人の実践による思い思いの建物が建ち」、「それらすべてに接続するように道路が細かく張りめぐらされる」という三つである。建築基準法における容積率、建ぺい率、斜線制限等の集団規定も、基本的にこの原則のなかでの話である。「住宅都市」に景観的統一がないのは、都市の構築を統合する単一の主体が存在せず、あくまでも個人の実践の総和に委ねるという原則があるからであり、だからこそ世界じゅう探してもどこにもないたぐいの、創発性あふれる都市空間が生まれている。

この都市空間が世帯の寿命としても、建物の寿命としても、世代交代の時期に差しかかっている。事実、私たちが手がけた二〇近い住宅の敷地で新興住宅地のものは一つしかなく、ほかは古い住宅地における建替えか、敷地の細分化によって生じた小さな敷地である。しかし全体が一気に更新されるのではなく、個々の住戸の粒ごとに更新されていくところに、「住宅都市」の特徴がある。日本の住宅の平均寿命を三〇年とするならば、戦後から数えたとしても、すでに二世代目の住宅の末期が現在であるといえる。これに個別の持ち主の事情が重ねられるので、更新時期に時間差が生まれ、そのことが乱雑な風景を生むのである。この粒ごとの更新が同時多発的に東京の至るところで起こっていることを想像してみると、その総体はまるで東京の住宅地という生き物が、人々の手を借りて新陳代謝を図っているようにも思えてくる。まるで都市空間のほうに意志があって、その空間的実践として、私を含むその他多くの建設関係者や建築主が知らず知らずのうちに招集されたと思われるほどの大きなうねりがそこには感じられるのである。

二つのメタボリズム

この大きなうねりになんらかの秩序を見いだし、小さな粒ごとの住宅の空間を秩序的に位置づけることが二一世紀の課題として考えられる。そのために、「住宅都市」東京の新陳代謝現象を、六〇年代のメタボリズムとの対比において位置づけてみたい。六〇年代のメタボリズムは、日本における建築や都市の更新性にいち早く着目し、理論化した運動である。その最大の功績は、都市を変化しないものから、常に変化し続けるものとしてとらえ直したところにあり、そのなかにあって変わらないものの意味を位置づけたところにある。グローバルキャピタリズムのなかでかつてないほどの建設と都市改造が行われているドバイや中国などで現在起こっていることを理論化しようとするならば、先行する論理として依拠できるものは、メタボリズム以外にない。

六〇年代のメタボリズムのビジョンは、山野を切り拓く都市の拡張を背景に、都市のインフラストラクチャーを短期的には変化しない要素として扱い、構造体と重ねてコアとしたうえで、これに更新可能なユニットを付加するものとしてモデル化された。これがメガフォームと呼ばれ、建築のプロジェクトはどんどん巨大化していった。しかし現実の都市空間を覆ったのは戸建て住宅地で、インフラストラクチャーは華奢な電線を除いてほとんど地中に隠され、英雄的なコアは実現されなかった。皮肉にもコアの代わりに実現したのは、「一敷地一建物」の原則が生む建物と建物の間のヴォイド(すき間)であって、個々の住宅の更新は、隣の建物との間につくられるヴォイドとの関係において位置づけられることになった。

つまり六〇年代にグリーンフィールド(何も都市化されていない土地。更地)に進出した本家メタボリズムが、コアメタボリズムであったのに対し、現在のブラウンフィールド(既存の都市化された場所)に展開している粒ごとの更新は、総体としてみればヴォイドメタボリズムと呼べるのではないだろうか。現在てんでばらばらに行われている個々の住宅設計に、このような共通の歴史的な位置づけを与えることでゆるい方向づけができるのではないだろうか。ヴォイドメタボリズムがとるべき道を探ることによって、個別性によってしか理解されてこなかった、東京の都市空間や戸建て住宅に、共同性や公共性の感覚をすべり込ませることができるのではないかという期待を禁じることは誰にもできないだろう。

ヴォイドメタボリズムの特徴

六〇年代のコアメタボリズムにおけるコアはその形態や機能が不変であることによっ

て定義づけられており、そこに取り付けられるユニットによって意味を変えることはなかった。それに対してヴォイドの場合は、形態や機能が固定されておらず、建物との関係によってその意味が大きく変わってしまう。住宅でできた都市空間があいまいであり、かつ柔らかな印象を与えることの根本に、このヴォイドの不確定性がある。日本の現代の住宅建築作品は基本的なこの不確定性のうえに、きわめて洗練された「関係の空間」といえる建築空間を組み立てており、形態そのものよりも、それぞれの空間の性質の違いを相互に補完し合う価値として扱う能力に関しては、他国の建築の追随を許さないほどである。そのうえ、ヴォイドメタボリズムが求めるのはヴォイドをただの副産物として放置するのではなく、意識的に再定義することによって、そこに確かな形質を与え、都市と相互浸透するような生活の場を提案するなどして建築と都市空間を架橋することである。

都市風景のリズム分析

そのために私が今、大学の研究室や小さな住宅の設計のなかで取り組んでいるのは、目の前にある雑多な形や規模、色、材料をもつ建物群でつくられた都市の空間的実践を、社会制度、経済状況、法規などの変化と、それによって世代交代を余儀なくされた建築類型との関係をリズム分析的に解明することである。そのことによって現実に起こっている都市現象のなかにも、現在の建築類型を変容させる環境圧が潜んでいることを明らかにし、その環境圧の扱いをとおして場所や風景に十分なインパクトを与える次世代の建築類型を提案することである。そのことは逆の見方をすれば「住宅都市」のUrban Detachedという新しいタイプの都市空間の質を、個別の住宅の空間のつくり方や質にフィードバックすることでもある。

このヴォイドメタボリズム理論の構えの前に、今まさに少子高齢化という人口縮小のシナリオがセットされようとしている。それは更新のエネルギーの減少であり、ヴォイドの拡大の圧力を伴うだろう。このシナリオがどのような次世代の建築や都市空間を生むエネルギーに転換されていくかに、社会の目が注がれるときが訪れている。

6

集合住宅の実践

対談

木下庸子 Yoko Kinoshita
×
大野秀敏 Hidetoshi Ohno

――コーポラティブハウジング

大野――木下さんと渡辺真理さんとの共著の『孤の集住体』[*1]は魅力的なタイトルですね。少し説明していただけますか？

木下――孤の集住体の「孤」の字は単身者という意味で、孤独の孤をあてています。単身者が集まって住む集合住宅の可能性について書いた本で、ハウジング・アンド・コミュニティ財団のデザイナー助成をいただく際もテーマ文のタイトルに使用した言葉です。単身者の住まいを研究する目的でした。

木下庸子（きのした・ようこ）
一九五六年東京生まれ。七七年スタンフォード大学を卒業、八〇年ハーヴァード大学デザイン学部大学院修士課程修了、八一～八四年内井昭蔵建築設計事務所、八七年設計組織ADH設立。二〇〇五～〇七年三月UR都市機構都市デザインチームチームリーダー、現在、工学院大学教授、日本大学生産工学部などの非常勤講師を務める。おもな作品にNT（一九九九年）、白石市営鷹巣第二住宅シルバーハウジング（二〇〇三年）、アパートメンツ東雲キャナルコート（二〇〇五年）。おもな著書に『孤の集住体』（共著、住まいの図書館出版局、一九九八年）、『集合住宅をユニットから考える』（共著、新建築社、二〇〇六年）など。

*1　住まいの図書館出版局、一九九八年。

単身者には高齢者もいれば、若者もいる。またキャリアウーマンのような女性の単身者も。そのような単身者のためのオルターナティブライフスタイル（選びうるもう一つのライフスタイル）の可能性として、コレクティブハウジングの視察を行いました。視察が特定の場所や国に偏ることがないように、ヨーロッパとアメリカの事例を調査しました。私自身かつて似たような、生活の一部を共有する形式の住まいに住んでいましたから、当然興味もあったわけです。

大野――どの程度共有しているんですか？

木下――おのおの少しずつ違いますけれど、一般的には共有のコモンスペースがあって、食事ができる食堂と共有のキッチンと、そのほかにランドリーなどもあることが多いですね。日曜大工仕事をするようなワークショップもあったり、ゲストルームがついていることもあります。ゲストルームが一部屋か二部屋あったヨーロッパの事例では、たとえば成長期の子供が、ドラムの練習をするスペースとしてそこを使っていたり、かなり融通し合いながら生活していました。

大野――設置主体は公共ですか？　それと、住んでいる人は基本的に単身者ですか？

木下――公共でなく民間が多かったと思いますが、興味がある人が集まってつくる形式のようでした。コペンハーゲンの郊外では、六世帯という非常に小さなコレクティブも視察しました。居住者は、家族持ちの方がほとんどでした。もともとコレクティブは、仕事と子育てに追われる主婦たちが、お互いの子育てを支援しようというのが発端で普及した住まいの形式です。

大野――それはいつごろですか？

木下――ヒッピームーブメントのあとですから、一九七〇年代後半だと思います。

大野――アメリカにいらしたころにもそういったところにお住まいになったとうかがったんですが。

木下――スタンフォード大学時代は、インターナショナルハウスに二六人で住んでいました。半分がアメリカ人で、半分が外国人、また学部生と大学院生の割合も半々でした。掃除とか料理は当番制で行っていました。でも、二六人だと当番が回ってくる頻度が多いので、料理当番に関しては「イーティングアソシエイツ」という、料理と食事だけ参加するメンバー十数名にさらに加わってもらうことで、三人一組の体制で毎日約四〇人分の食事を交代でつくっていました。

大野――日本の若い人って共同生活をすごく嫌いますよね。どこが違うんですか。

木下――非常に柔軟な仕組みだったんです。続いたのはそれが理由だと思います。場所は大学の敷地内でしたから、当番のときは、自転車で五分か一〇分で帰ってきてつくる。当番でないときは食事の時間に帰れなくても、頼んでおくと食事はラップをかけてとっておいてくれる。夜遅く帰ってもそれを温めて食べればいい。家庭で生活しているのとあまり変わらないわけです。でも、ルールでガチガチだったらとても息苦しくて続かなかったと思いますね。その後、大学院でボストンに行ってからもコーポラティブハウスを自分で見つけて、既に住んでいた七人のなかに加えてもらいました。そこも料理は当番制でした。どちらの住まいにも共通していたことは互いの生活に干渉しないことでした。

大野――干渉しないということは、「今日あんたどこに行くの?」とか聞かない?

木下――絶対に聞きません。あまり帰ってこなかったら、「どうしてる?」くらいで。掃除当番なんかも、たとえば私が課題の締切り前で忙しくて、決められた日にできないとすれば、適当な時に時間を見つけてやればいい。それをうるさくチェックする人はいない。個人の責任に任されていましたね。

大野――そうはいっても、世の中には、本当に無責任で怠惰な人っていますよね(笑)。そういう人は追い出されちゃうんですか?

木下――住むにあたってはインタビューがあるんです。だからそのような生活に適しているかどうかはある程度スクリーニングされました。

大野――研究の結果、どんなことがわかりましたか?

木下――ただ集合住宅をつくるだけでなく、ソフトが重要だということがわかりました。たとえば、シングルマザーと高齢者を一緒に住まわせた企画は互いに必要とするもの、あるいは提供するものがあることで成立している。これは必ずしもコレクティブとは限らないんですが。

●ドイル・ストリート・コートハウスの共用空間

大野——シングルマザーと老人が同じその棟のなかに住んでいるんですか？

木下——いわゆるハウスシェアに近いかたちですね。一棟、というか戸建てなんですが、三世帯、四世帯が同居している。一階部分に高齢者一人の住まいと共用のLDKがある。シングルマザーと子供の数世帯が二階に住んでいる。シングルマザーは働かなくてはならないから、子供、特に乳幼児の場合は高齢者に預けて自分は働く。その間、高齢者には子供の面倒を見てもらう代わりに、シングルマザーは高齢者の買い物など生活のサポートをする。

大野——それは誰が企画しているんですか？

木下——イノベーティブ・ハウジングというディベロッパーでした。設計はダニエル・ソロモンという、カリフォルニア州のバークレーの大学で教鞭を執っている建築家です。

大野——運営主体はNPOみたいなものですか？

木下——そうだと思います。社会的ニーズに合った企画が印象的でした。

そのほかの調査研究の成果といえば、コレクティブハウジング、英語ではコハウジングっていいますが、それらの事例を訪ねたり、企画している人たちの集まりにも参加させてもらったことです。集まりでは講演会もあり、コハウジングを今後、住まいとして考えている人たちに向けてのレクチャーも聞きました。印象に残っているのはシアトルでコハウジングを実践している建築家の話で、コハウジングを設計するうえで押さえるべきいくつかのポイントについて話をしてくれました。生活と車を分離するという単純なことから、コハウジングの住宅におけるキッチンの位置の重要性など、興味のある話でした。「コハウジングのキッチンは共用空間に視線が向いていることが原則だ」と彼はいうんです。それはコハウジングを、お互いに子育てを助け合うための住まいの一例と位置づけた場合、子供が遊ぶ共用空間に、キッチンに立つ親や誰かの視線が向くことで子供をそれとなく見守るという目的だそうです。

私はそれは、子供じゃなくても、集まって住む形式の住まいで考えるべき要素だと思い、宮城県白石の事例で採用しました。コモンの空間にずっと監視の目がいくのではなくて、キッチンに立った短時間

●同コートハウスの共用空間に面したキッチン

に目が向けられたり、誰がいるかを気づかう程度がよいのではないかと思ったからです。じっと監視するというのは見るほうも見られるほうもわずらわしくなると思います。

大野——そういう意味では、白石のハウジングは、ハウジング・アンド・コミュニティ財団の助成研究の一つの具体化と考えればよいでしょうか。

木下——そう思っています。

日本の集合住宅

大野——日本で集合住宅居住は、供給公社とか、公営住宅とか、戦後になってからで、公共住宅が集合住宅居住を先導したんですよね。しかも、それらは郊外戸建て住宅の代替物だった。こういうスタートを切ったので、公共住宅の原理がそのまま集合住宅一般の原理になってしまって、都心に住みたい人のニーズにこたえる住宅としての都心集合住宅は非常に少なかった。

木下——公共住宅が出発点で分譲マンションに移行しただけでなく、マンションの仕組みがディベロッパーの都合のよいようにでき上がってしまった。また、それに疑問をもたずに、受け入れ続けてきたことも選択肢をせばめています。

大野——居住者は選ぶしかできないからね。

木下——そうなんです。日本ではマンションのプランの選択肢は海外に比べて圧倒的に少ないですよね。

大野——そこは少し意見が違っていて、僕はプランは定型的で構わないと思っているんですが、むしろ問題は管理だとか所有形態が一律だということじゃないでしょうか。戦後ずっと核家族の生活だけが、普通だと思わされてきた。でも、昔はもっと多様な生活をしていたような記憶がある。大都市では、戦前はとにかく賃貸が多かったわけでしょう。長屋も一般的だった。つまり、建築の形式だとか大小だとか、所有タイプには、バリエーションがあったような気がします。ただ、間取りのタイプは定型化されていたと思うんですよ。

木下——公団の設立当初の住戸プランを見ると定型化されていたとはいえ、全部ふすまで仕切られていたので生活のスタイルに対応できたんですよ。51C [*2]は壁と扉で食寝分離がテーマだった。公団のほうはむしろフレキシブルで自由に使える空間、当時の課長さんいわく「アッパッパ」な日本人の生活に合っているということで。

大野——壁が増えていったのは、もちろん供給者サイドの問題もあるけれど、居住者サイドがそれを支持したっていうこともあるわけですよね。先日NHKの番組で、創盛期のそういう団地で、部屋が仕切られてて、きちっとしたプライバシーがあるので、若い夫婦がはばかりなくセックスができたということが当時話題になって、それが非常に誇りだったというようなことを、当時から住み続けている住民の方が話しているのを見ました。日本の戦後は戦前の価値観をドラスティックに否定しましたから、一挙手一投足から社会システムまで含めて、それまでの「封建的」なシステムを「民主化」するという動きのなかにあった。だから、個室は国民的な願望でもあったと思うんです。

木下——そうだと思います。おっしゃるように、個室っていうのは、あの時代の日本社会では圧倒的に支持されましたよね。ただ、個室の考え方っていうのは、私はアメリカとの比較でしか語れないんですけど、もともとの考え方とはちょっと違うかたちで日本に定着したように思うんですね。

そのいちばん大きい要素は扉に対する考え方。アメリカでは、子供部屋に子供がいるときは扉はあまり閉まっていません。扉を閉めるときというのは、どうしてもプライバシーが必要なときで、一人にならなくちゃいけないことがあるときです。夜寝る際も子供部屋の扉は開いてることが多いと思います。私もベビーシッターでいろいろな家庭の様子を見ましたが、少なくとも一二歳くらいまでのベビーシッターを必要とする年齢の子供はみな、扉を開けたまま寝てましたね。

最近でも、小学生や中学生の子供がいる外国人の家に行くと、基本的には子供部屋の扉は開いています。そして子供はお客さんと必ずあいさつをする。開けておくのが基本なんです。それは私の昔の寮生活で

*2 一九五一年に東京大学の吉武研究室(吉武泰水、鈴木成文ら)によって設計された公営住宅のプランの一つ。二寝室と台所兼食事室(ダイニング・キッチン)からなる2DKの原型となる。

もそうでした。閉めているときは、「干渉しないで」というサイン。「ちょっと部屋に寄らない」っていうときには、扉を少しだけ開けておくんです。そうすると友達がノックして、「どう、元気?」っていうぐあいに立ち寄る。だから、個室とともに、そういう文化も本来だったら一緒に紹介されるべきで、そうしたら日本での個室はもう少し変わったかたちで普及したかもしれないですね。日本の住宅では個室は扉が閉まっていることのほうが多いから、子供がいるかいないかもわからないくらいですよね。

大野――それは初めて聞く話ですね。すごくおもしろい。そうなんですよね、建築のエレメントっていうのは必ず、使い方のマナーと一体になっているんですよね。

たとえば、公共空間でね、ドアを開けたあとに、次の人に送って開けるってマナーは、ドアの文化圏にはあるじゃないですか。慣れていない人は自分が通ると次の人が来るか確かめもせずドアを閉めて平気で行っちゃうんですよね。これなんかも建築のエレメントと使い方との一体的な例ですが、なかなか輸入しにくいたぐいのものなんですよね。

木下――おっしゃるように建築とマナーは本来一体的に扱われるべきですね。ちょっと社会学的な話ですが。難しい社会学でなくて、基本の基本のような話ですよね。

大野――でも、これが社会学の基本じゃないんですね。文系の人たちは空間に関心がないから気づかないんですよね。ところが、建築系の人たちは、ものは知ってるけれど、その使い方に関しては、関心が薄いんですよ、意外と。だからその両者の橋渡しをしないと、本当の意味での居住文化は語れない。

白石の住宅

大野――木下さんの話は、非常に説得力があるだけでなくあたたかいですね。さっきの戦後の話に戻ると、戦後社会はどっちかというと、地縁的なコミュニティが支配的だった戦前的な社会から離脱しようとしてきたわけですね。なるべく人間関係はクールにいきたいと。お互いに干渉しないようにするという空気は、今でも根強く日本人の共同体観に残っていて、結果としてある意味では非常によそよそしい社会を築いてしまいましたよね。木下さんは、どのような建築的な工夫によって、過度なコミュニティへのかかわりをそこそこのところで止めて、なおかつあたたかい関係を築こうとされていますか?

木下――そこまで意識してつくっているかどうかわかりませんが、私はある程度使い手の行動を想定して設計しながらも、住んだ人が自由に使ってくれればよいと思っています。たとえば白石市営鷹巣住宅の場合は、共用部に視線が向くキッチンを提案しましたが、視線のいく度合は住人がカーテンなどをつけて調節されています。それはそれでよいかなと思っています。キッチンから視線が共用部に向くという仕掛けをつくることで、住人の一人も言っていたのですが、向かいに住んでいる高齢の一人暮らしの男性のことを「キッチンに立ちながら気づかっている」ようです。そういう可能性をつくることがむしろ大切だと、私は思うんです。白石で私たち建築家が意図したように使っていただけていることはうれしく思いますが、住まい手の行動を支配するような提案にはならないように心がけており、それなりに工夫しているつもりです。

大野――それはどういう工夫ですか?

木下――キッチンが、いちばん窓側ではないことなどです。実は玄関を共用部とキッチンとの間に設けることで外からキッチンが直接見えないようにしています。さらに玄関の外には「エンドマ」と呼ばれる屋外のプライベートスペースがありますから、共用空間との間にある程度の距離を確保しています。

だから内から外が見えるほどには外から内は見えないんです。私も数多くの住まいに住みましたから、外から見る、見られるという関係も結構いろいろな住まいで体験しているので、プランニングするときはこれまでの自分の経験に基づいて、「これなら私が基本的に住める」ということをまず前提に考えています。

大野――それは非常に正統なタイプですよね(笑)。

木下――(笑)どんな住宅でも必ず自分が住むことを前提に考えます。それで、自分が抵抗あるものは必ず別の解を模索しますね。

●白石市営鷹巣第二住宅

大野――そう考えない建築家も結構多いですからね（笑）。うまく使ってくれていますか、実際にその後ご覧になってみて。

木下――竣工後三年たって私がインタビューした数人は、それなりにうまく住んでくれています。とても気に入って、市営住宅は持ち家があっては申し込めないので財産まで整理してここを借りてくれた住まい手もいるくらいで、うれしいかぎりです。その方は、集住でありながらわれわれが「コニワ」と名づけたプライベートな庭があることを気に入ってくれたようです。

大野――この例のような、コミュニティ指向の住宅が、もう少し選択肢のなかに入ってくるといいですね。自分はずっと一人でやっていけるっていう人はいいんだけど、かなりの人は一人で最後までというのもいやだし、まあ息子も娘もあてにならないし、といって老人ホームもいやだという人たちがかなりいると思うんですよね。

木下――ルールにのっとって生活するのではなく、生活のなかから人と人とのつながりが形成されるような建築的な仕掛けにチャレンジしたいですね。日本の集合住宅にはもっといろいろなタイプの集住形式があってほしいな、と実は思いますね。最初にも申し上げたように、集合住宅っていうと、かなりパターン化されているという気はしますよね。それは、日本では敷地が与えられたら、そこで法律上許される上限の床面積が詰め込まれて、とにかく容積を消化することが大前提になってしまう。その図式があるかぎりはなかなか変わらないですね。

大野――でも、その図式そのものは、ある程度市場のメカニズムがあるかぎりは、多かれ少なかれどこの文化圏でもありますよね。ただ供給者側に人々の欲しいものが見えてない。欲しくもないものはいっぱいついてる。今だと、ちょっと大型マンションだと共用施設かなんか結構ついていますよね。図書館がついているとか。ところが住居ユニットとなると、片廊下があって独立したユニットが並んでいるだけです。それしか見ていないと、白石のように四、五人で、少しお互いにやわらかく見守りながら暮らすというようなことは想像できない。そうすると、消費者側では、白石のように住みたいということ自体が欲望に

●配置図

●住戸平面図

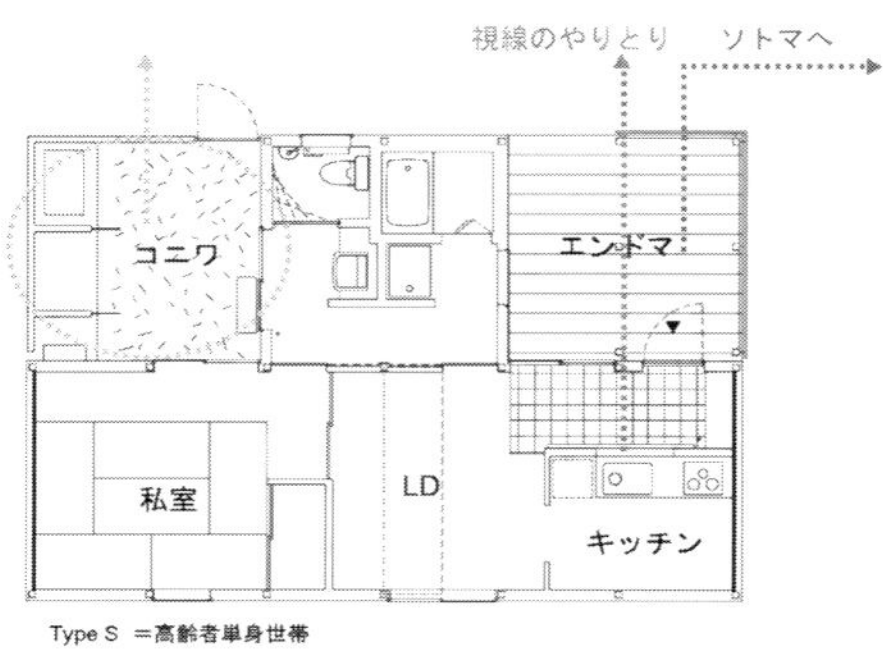

ならないですよね。

本書に出てくる、R不動産のリノベーション物件だとか都市デザインシステムの物件がおもしろいと思うのは、やっぱりマーケットのメカニズムのなかでやってるからだと思うのですね。潜っている需要を掘り起こしながらやっている。やっぱり商品として成立しないと最後の説得力がない。

木下——ただ、ディベロッパーは今、苦労して変わらなくても十分儲かっている。やっぱりディベロッパーも行き詰まらないと。たぶん、今まだその徹底的に行き詰まるところまではいっていないと思うんですよね。たとえば青田売りなんかも、日本特有の売り方ですよね。集合住宅が完成する前に完売してしまうなんて、日本以外には考えられないのではないでしょうか。それでも、まだまだそういう売り方で十分成り立つ。全然売れなくなれば考えるでしょうけど。根底から徐々に変わっていかないとだめですよね。

大野——そうですね、新築物件を買う人っていうのは、やっぱりローンを組めるということを含めてお金をもってるわけですよね。お金をもっているときってね、元気だから、住戸が独立してて当たり前なわけですよ。ローンを組むっていうと四〇代くらいまででしょう。そうすると、四〇代の家族構成に対応するところで決まっちゃうからね。こういう不動産のマーケット構造が変わらないと、今の商品構成は変わらないでしょうね。白石のような住宅を求める人たちは先行き収入も減るし、財産を処分してという人だから、新築物件を買う人とは違いますね。今後、人口減少で不動産が余ってきてリノベーションのマーケットが増えてくるとき、何かあるような気がしますね。

木下——現状は数を売らないと儲からないから、そこでいちばん売れ筋を狙うのはまあ当然ですよね。

大野——だからこそ、白石のような建築家の仕事に意味があるんでしょうね。単なるファッションとしてのデザイナーズ住宅ではなく、未来の住み方に対する提案として、もっと世間が見てくれるようになると、少しは世の中の変わる速度が速くなるように思います。それにしても、今日は貴重なお話をありがとうございました。

●玄関に面したキッチン

●共用部分に面したキッチン（写真奥）

自然を楽しむ訓練

大野秀敏

産業革命は、農村から人口を都市に引き寄せ、都市の経済的繁栄をもたらしたが、同時に都市を流行病と犯罪の巣窟にし、煤煙にまみれた不健康な場所にした。こうした惨状を反映して都市には緑が必要だという考え方が生まれる。緑地は都市の空気清浄機というわけである。さらに、近年は、緑地の二酸化炭素吸収機能が地球環境にもよい結果をもたらすということで、ますます緑の量に関心が向いている。どこもかしこも緑で覆いつくそうかという勢いである。しかし、緑は生き物だから適切に管理しなければ枯れてしまったり、あるいは繁茂しすぎて始末に負えなくなる。

以前、ドイツ人と日本人の自然とのかかわり方の比較調査の結果を聞いたことがある。それによると、日本人は好ましい自然を手つかずの自然だと答えているが、ではそれは何かと問われると実は植林による人工林を思い浮かべる人が多いそうだ。また、ドイツ人のほとんどが、森を散歩するのが好きだと答えるのに対し、日本人はそれほど好きではないようだ。私の経験でも、ミュンヘンやウィーンで真冬に公園を訪ねたことがあるのだが、驚いたことに、気温は零度をはるかに下回っているのに、凍てつく公園を老人が散歩している。地面は雪に覆われ木々は葉を落とし黒い枝があるだけで目の楽しみも少ない。森好きの迫力に圧倒された。それに比べると、日本人は森好きではないかもしれない。軽井沢のような落葉樹林の中で避暑をするという考えにしても西欧人仕込みである。

日本では自然を純粋に楽しむということは特殊なことであり、一般的には、食事や社交、スポーツ、遊びと結びついている。お花見は、季節の行事であり、友人や同僚を誘い合って出かける。酒も入る、カラオケセットも持ち込む。場所どりに若い者が朝早くから出かける。テレビがその模様を取材する。新聞が取り上げる、季語になる……、といったぐあいにさまざまな活動を巻き込んだ全体がお花見である。これが日本の桜の文化である。文化とは態度のパターン、つまり一種の習慣や儀式の集合である。日本人の森の散歩にはお花見のような付随物がほとんど見当たらない。この点からも、日本には森の文化が根づいていないということになる。

森に比べると、日本人は水面とは昔から親しんできたように思える。川とのつき合いは古く、いろんな楽しみ方が思い浮かぶ。私は長良川の近くで育ったので、夏の間、川で泳いだ。川原にはよしず囲いの休憩所が幾張りも出ていたし、市がブイを浮かべて遊泳地区を設定し、監視員を立てていた。川原ではドンコをもりで突いている少年もいたし、橋の陰ではゴザをのべて昼寝をする老人もいた。川面にはボートが浮かび、彼ら相手に駄菓子や飲み物を売る小船まであった。八月の初め、花火大会や豆電球で飾り立てた屋形船が何隻も繰り出す川祭のときには川岸は人でいっぱいになった。しかし、昨今はすっかり寂しくなってしまっている。

都市が縮小し、自然が盛り返してくる。しかし、自然を楽しむ文化を忘れてしまった現代日本人は、過剰な自然に戸惑うことになろう。自然の恩恵に浴するためには、自然と接する再訓練が必要である。縮小をデザインするとはそういうことである。ここに登場する太田浩史氏(事例7)も河村岳志氏(事例8)も岩本唯史氏＋墨屋宏明氏(事例9)もみな、自然とのつき合い方のトレーナーである。

7

東京ピクニッククラブ

太田浩史 Hiroshi Ota

太田浩史（おおた・ひろし）
一九六八年東京生まれ。九一年東京大学工学部建築学科を卒業。九三年同大学院工学研究科建築学科専攻修士課程修了。九三〜九八年同大学キャンパス計画室助手。二〇〇〇年デザインヌープ一級建築士事務所を設立。〇三年〜〇八年東京大学大学院国際都市再生センター特任研究員。

WHAT IS A PICNIC?

東京ピクニッククラブは一つの偶然から始まった。パートナーの伊藤香織とピクニックの道具や歴史を調べているうちに、一八〇二年三月一五日、ロンドンで「Pic-Nic Club」という団体が設立され、彼らのピクニックがきっかけとなってピクニックが大流行した、ということを知ったのである。それをイギリスの古本で見つけたのが二〇〇二年で、ちょうど二〇〇周年じゃないか、ということで記念ピクニックをしたのがすべての始まりだった。そのころはまだ、ピクニックの奥深さを私たちは知らなかった。

二〇〇年前のピクニックについては記録がある。リーダーのヘンリー・グレヴィルは演劇家で、彼が寸劇つきのピクニックを開いたところ、これが破廉恥なばか騒ぎとして大ニュースになった。不測の事態に備えて警官が夜通し見張っていたという記録もあるし、当時の石版画にも男女が楽器を弾いたり歌っている様子がうかがえるから、確かにやかましい集まりだったらしい。それだけでも現在のピクニックのイメージとはずいぶん違うのだが、何よりも驚かされるのは彼らのピクニックが屋内で行われた、ということである。その理由は謎に満ちているのだが、ピクニックの言葉の起源とされているフランスで、断頭台に送られる直前のロベスピエールが「俺をピクニックなんかで裁くな！」と言ったというエピソードもあるから、ピクニックは、もともとは一八世紀のカフェで行われた政治談義を指していたのではないかと私は想像している。グレヴィルの寸劇も「フランスの箴言《しんげん》」だったというから、ことによると自由とか平等とか、そういう考え方がピクニックに付随してイギリスに輸入されたのではないだろうか。まったくの推論なのだが、そう考えたほうが腑に落ちる気がするのである。

いずれにしても、ピクニックは決して私たちが思い描くような「屋外での平和な食事」ではなかった。そのイメージが定着するのは一八四〇年代以降、公園が誕生し、鉄道と休日制度が整備されてからのことである。ホストとゲストのいない気軽な社交という形式が、ティーパーティなどの屋外の遊びと合流し、ようやく私たちの知っているピクニックとして流行したのである。たとえば一九世紀半ばには「ピクニック・トレイン」と呼ばれる列車が運行され、ハムステッド・ヒースなどの公園に食事を持って出かけるのが庶民の娯楽となった。それは公害にあえいでいたロンドンの環境を補完する知恵として、公共空間を利用するための一種のソフトとして発達していった

●一八〇二年、最初のピクニック（ジェームズ・ギルレイ画）

のである。

さらに、ピクニックを世界的に広めたのは二〇世紀初頭の自動車の登場である。自動車があり、道があっても、レストランや自動販売機などはまだ整備されていない。それゆえに自動車にピクニックセットが積み込まれ、紅茶やサンドイッチが旅路の友となった。私たちがよく知っている、バスケットのなかにカトラリーや食器を整然と配するピクニックセットは、このときに発明されたものである。自動車が揺れるため、しっかりとしたホールディングつきの道具が必要になったのである。

ピクニックがおもしろいのは、それが都市と自然、公共空間、交通やレジャーなど、都市論を横断するユニークな視点を与えてくれるからである。都市化の最前線へと出かけ、餐食を開き、風景を内化する。では、二〇〇年後の私たちは、いかなるピクニックが可能なのだろうか。それが私たち東京ピクニッククラブのテーマとなった。

FIGHT FOR THE PICNIC

この五年間、実にいろいろなところでピクニックを試みた。都内三〇カ所ほどの公園のほか、路上や公開空地、中央分離帯、高層ビルの屋上、凍結した湖、川底、学校の校庭やショッピングセンターなどでラグをひろげ、東京以外にも国内や海外でアウェーのピクニックを楽しんだ。そんななかで思い知らされたことがある。東京でピクニックをするのは、かなり難しい。

東京の一人あたりの公園面積は六・四平方メートル、一都三県では五・九平方メートルであり、二六・九平方メートルのロンドン、二九・三平方メートルのニューヨークなど、世界の主要都市の水準を大きく下回る。ロンドンのように二七平方メートルの公

●東京ピクニッククラブが所有するアンティークピクニックセット。その数は一二〇を超えている。

●東京ピクニッククラブのバッジ。毎年、その年のスローガンを決め、活動している。

園面積をもとうとすると、一都三県でおよそ七〇〇平方メートル＝山手線内の一倍の面積が必要となるから、都市の縮小が現実のものとなるまで、公園の豊かな都市環境を私たちが手にすることはない。そして、量的な問題もさることながら、その狭い公園をいかに生活の一部としていくかという質の問題も、私たちの眼前に立ちはだかる。たとえば都立日比谷公園の広大な芝生には「立ち入り禁止」のサインがあり、自由に寝そべったり本を読んだりすることは禁じられている。新宿御苑は午後四時に閉門となり、仕事の帰りがてらに立ち寄ることはできない。両者とも塀や植え込みによって周囲の環境から絶縁し、高密度の都市環境においてオープンスペースがいかに重要なのかを省みる素振りもない。多くの人が交差する都心部においてこそ、公園が社交のためのインフラとして機能するべきではないだろうか。集積効果のために高密度居住に甘んじているのに、私たちはいまだに美しい落日を語り合う空間さえも手にしていない。

　東京ピクニッククラブが「ピクニック・ライト＝権利」を主張するのは、そのためである。私たちは、狭い家にかっこよく人を呼ぶことはできない。だからこそ、人との交流の豊かさを都市空間に期待したいのだ。私たちは自然を楽しむ庭をもつことができない。だからこそ、都市の緑を愛し、季節を感じ取っていきたいのだ。大げさに聞こえるかもしれないが、人と出会い、緑を楽しむという点において、ピクニックは都市に住む私たちの基本的人権なのである。

　権利を唱えつつも、その一方で、気になることがある。それは公園の運営側というよりも、利用者側の問題で、どうやら、多くの人が都心の緑地を居住の場だとはとらえていない。それは、たとえば皇居前広場という極上の芝生をもつ公共空間がほとんど利用されず、観光客が通り過ぎる空白のような場になっていたことにも端的に現れ

●「PICNIC RIGHTS」とプリントされたつなぎ

●大田区にある城南島海浜公園。羽田空港を眺めながらのピクニックは現代の東京ならではのものである。

ている。都心は政治の場であり、労働の場であり、消費の場であり、時をのんびりと過ごすような場所ではないという前提がそこにはある。東京の奇妙なゾーニングに、われわれはあまりにもなれすぎてはいないか。

こうした状況は、ペリフェリーに点在する緑地において、別の様相をもって繰り返される。砧公園、水元公園、光が丘公園におけるピクニックのにぎわいは、たしかに

●日比谷公園(二〇〇三年)。広い芝生には「立ち入り禁止」の看板がある。その意味を私たちはまったく理解ができない。

周囲に広がる住宅地と自然な連続性を見せている。自転車に食べ物を積み、木陰での読書やうたた寝を楽しみに来る人々は、一見理想的な利用者のように映るだろう。しかし、風景を注意して見てみれば、利用者のほとんどは子供連れの家族、カップル、単身者であって、見知らぬ人々が出会ったり、大人数で話を交わすような利用は少ない。利用者は公園を自分の庭の代替物としてとらえているのであって、仕事仲間や友人が集まり、ともに時を過ごすための社会的な空間としては意識しない。「都心＝労働および消費」「ペリフェリー＝居住」という思考のゾーニングが透徹されて、都市と緑地は決定的にすれ違うのだ。かくして集まる場を失ったわれわれは、居酒屋やカラオケボックスで、時間制限つきの社交を繰り返すこととなるのである。

THINK YOUR OWN PICNIC

ピクニックは楽しい。こんな楽しいことをみなどうしてやらないのだろうかといつも思う。でも実はピクニックは私たちの生活に定着していないから、敷物も、ピクニックセットも、そして公園の売店サービスも、大人が楽しむようにはできていない。本来、屋外での社交は野点や花見が盛んだった日本のほうが得意なはずなのだが、なぜか私たちの現代のピクニックはブルーシートに缶ビール、という体たらくである。東京ピクニッククラブはいつでも最高のピクニックをしたいから、その状況を脱却すべく、道具や料理、そして芝を使ったアートの開発を考案しつくってきた。

たとえば、二〇〇四年にはオリジナルの紅茶を考案した。東京のピクニック・サイトには公園に代表される「グリーンフィールド」と、港湾地域や廃線跡のような「ブラウンフィールド」があると考え、二つの味の紅茶をつくった。グリーンフィールド

●ピクニックティー（二〇〇四年）。ブラウンフィールドとグリーンフィールドのティーバッグの詰め合わせ。

●ポータブルローン（二〇〇六年）。移動式の芝生でピクニックを行った。

ティーはローズを混ぜてやや甘く、ブラウンフィールドティーはバニラとスパイスが入って攻撃的な味である。両方とも冷めてもおいしいように考え、ジンジャーエールとライム、ミントを合わせたティーパンチの派生レシピもつくった。ほかにもピクニックケーキ、ピクニックサンドイッチ、そして最近はピクニックビールもつくってみた。ビールの味はもちろん二種類で、グリーンフィールド味、そしてブラウンフィールド味がある。

二〇〇四年には移動式の芝生「ポータブル・ローン」を制作した。一坪分の四角い芝生を六坪分つくり、それを使って都内の普通の公園でピクニックをした。やはり芝があるだけで風景が変わるし、地域の人々の参加もある。食べ物の要素があることが肝心であることがわかったので、二〇〇五年には飛行機形の芝生「Grass On Vacation」をつくり、それとフード開発を関連させてみた。これは日比谷公園のように「立ち入り禁止」になっている芝生が、日常に飽き、誰も自分を使ってくれないことにフラストレーションをため、思いが募った挙句に飛行機形となり、休暇をとって人のいるところに飛んでいく、というものである。芝生は厚さ一〇センチメートルくらいで簡単に切り取ることができるので、実際に飛行機形に芝をくりぬいて、展示会場に設置し、私たちはその上でピクニックをしてみた。やはりユーモアと食べ物の力は強く、誰もが示威行為としてのピクニックをおもしろがってくれた。計画は年を追うごとに大きくなり、二〇〇七年には八メートルの飛行機、二〇〇八年には二六メートルまで巨大化している。

公園の運営をテーマとしたものとしては、「ピクニキオスク」という作品を二〇〇五年に制作した。これはピクニックインフラとして公園の売店サービスを提案するもので、たとえば紅茶のポットサービスや氷の提供、そして道具の貸出しなどを

●韓国安義市における「Grass On Vacation」(二〇〇五年)の展示

●「Grass On Vacation」。立ち入り禁止の芝が人のいる所に飛んで行く。

行うキオスクである。たとえば現在、代々木公園の売店で扱っているのはカレーやうどん、缶ビールなどで、人の輪の中心となるような食べ物はまったく用意されていない。これがパイやキッシュのように取り分けられる食事だったら、どんなに草上の社交が楽しくなることだろう。また道の駅のように、地域のベーカリーやパティシエの協力を得て、オリジナルの食べ物、飲み物を用意することができたら、公園に出かける楽しみがどんなに増えることだろう。やはり公園のサービスとは、面積だけの問題ではないのである。食べ物が重視される日本では、特に。

PICNICA ACTIVA

二〇〇〇年前から、ピクニックにはホストとゲストの区別がない。それぞれが創意を持ち寄り、空間を分け合い、色とりどりの餐食の一員となるのがピクニックである。休日の午後のこの小さな公共圏はきわめて都市的で、せつなく、それゆえに飽きることがない。一枚のラグだけで、風景との関係が変わる。とびっきりの料理があれば、会話も弾む。都市を変えるのには時間がかかるけれども、都市を使いこなしていく、私たちの想像力ならなんとか変えていくことができる。

だからこそ、東京ピクニッククラブは都市居住者一人一人のピクニックの能力＝ピクニカビリティの発揮を呼びかけたいと考える。ピクニックこそが、固着したゾーニングを越境し、偏った消費社会に抵抗し、都市を創意とユーモアで充填するものだからである。都市の不自由を描出する批評として、自らと都市のかかわりを伝える表現行為として、ピクニックの可能性をもっと探求していきたい。

●ピクニキオスク（二〇〇五年）。空気膜構造のピクニックインフラ。そのビジネスモデルの説明ムービーも製作した。

●イギリス・ニューキャッスル／ゲイツヘッドにおける「ピクノポリス」（二〇〇八年）の展示。市民参加によって一〇のピクニックサイト、一〇のピクニックレシピを選ぶ。

8

水都OSAKA・水辺のまち再生プロジェクト

河村岳志 Takeshi Kawamura

われわれが都市の水辺にこだわる理由はなんだろうか？ それは自分が住む大阪市を含め、ほかの多くの都市に存在する川の岸辺があまりにも活用されていない現状があるからである。外国の例を見ると川が交通手段として使われるなど、まちの中心であった時代の姿のままに活用され、それが現在では観光資源やまちの暮らしの重要な要素になっているのを見ると、なんともうらやましい。また大阪を含め日本の都市に置き換えても実現可能な例も多く、それが仮に実現したならばどれだけ日々の暮らしに彩りを与え、また郷土愛も深まるだろうと考えると、なんともいえない気持ちになるからである。これは水辺に限ったことではないだろうが、なぜゆえに都市から愉しみや豊かさといった部分が欠落、もしくは偏ってしまったのだろうか？と考えるのである。

河村岳志（かわむら・たけし）

NPO水辺のまち再生プロジェクト理事。オルタ・デザインアソシエイツ代表。成安造形大学非常勤講師。分野にとらわれず中小企業をメインに数多くのブランディング、デザインを展開。福井県の産業支援プログラムにて、デザインマネージメントの講師を務める。もう一つのデザイン活動の一環として水辺のまちを考えるるために、建築家の中谷ノボルらとNPO結成。

はじめは、といっても水辺の活動のことではなく、自分の本業であるデザインをしてきたうえでも同様の理想と現実のギャップを考えさせられてきたわけで、それはつくり手の問題、そしてつくらせる側の問題ではないかと考えていたのだが、実はそうではないという考えに至った。ＮＰＯ活動を紹介・説明するような場においては、「水辺はそこに暮らす人々の民意の現れである」ということにしている。つまり受け入れる側の問題である。その受け入れる側があってこそつくらせる側があるということだ。問題は受け入れる側でそれを望んでいないのではないか？　もしくはイメージができていないのではないかということになるわけだ。

第二次大戦後の復興と高度成長期という時代においては、経済の発展という豊かさはあっても心の豊かさにまでは至っていなかった。いや競争社会で心のゆとりを失う……とかという問題でもなく、高度成長期から三〇年以上を経て成熟社会へ向かっている今、ようやく水辺の活性化とか、いやしとか、ランドスケープのあり方などが問われるようになってきてはいるが、そもそも何かが欠落しているような気がしてならないのである。

日本人はまだまだ都市での暮らし方に慣れていないのではないだろうか？　ＳＯＨＯ、リノベーションといった言葉がようやく定着してきたが、これらもまた他の国ではあたり前の都市居住のあり方である。私は大阪駅から地下鉄で一駅のビジネス街のリノベーションされた住居とオフィスに暮らし、働いている。郊外のニュータウンで生れ育ち、四〇分かけて働くために都心に出かける通勤生活も経験した。郊外こそ普通の暮らし、環境のいい暮らしと聞かされ、都心は非日常的な環境であり人の住むところではない、治安も悪く、住むには不便である、そう聞かされてきた。

都心を避けて苦労して通勤しながら、多くの人々がそのような環境を求める理由は、職住の切り換えを明確にしたい、仕事を求め都会で働くが暮らしまでは都会化を望んでいない、といったことなのであろうが、実は都市の暮らしになじめない人が多いのである。限界集落に住むのも難しいように都市に住むのも都市なりの難しさがある。あまりに人間味に欠ける環境のようにいわれる場合があるが、むしろ都市こそ人間の為せるものであり、それゆえ本来もっている情緒的なバランスが必要なので、室内・室外の緑化、公園といったものが必要になるのである。そして人々は週末にスポーツやアウトドア、レジャーに出かけてバランスをとるのである。わざわざ郊外に出かけるのは負担でもあり、それは基本的には都市からの逃避なのであろう。

都市は河口部に多いため当然川がそこにある。川の上には開けた空がある。その水は公園の池などとは異なり、はるか彼方の水源地から時間をかけて流れてきた自然そのものである。そういう川はなぜか都市生活者に非日常性を与えリラックスさせることができる。同じ食事でも散歩でも水辺で行うとなぜか数倍気持ちが豊かになる。

しかし治水のためか水に対する恐れか、人々は都市の水辺から少し距離をおくようになってきたのである。道に車があるように川に船があるのはあたり前のことであるが、川から都市交通のインフラとしての機能がなくなりつつある今、工事関係か観光船しか見当たらず、都市生活者が自ら楽しむために船があり、そこに人々が集まり水辺の情緒がさらに増しているといった光景にもなかなかお目にかかることは少ない。まちを豊かにする水辺をぜひとも活用したいものだ。それにはまず都市生活者であるわれわれ自身が自ら水辺を楽しみ、そして水辺だけではなく都市そのものを受容し、楽しむ気持ちが必要なのではなかろうか。

ここ大阪では、オリンピック招致失敗後に、「水都大阪」というスローガンが掲げられた。「なにが！　どこが？　水都やねん」と発起したのがわれわれのＮＰＯである。

●東横堀川、高速道路が川にふたをする。

●土佐堀川、典型的な水辺の光景

われわれのミッションは「水辺に再び（といっても明治以前のことだからこれからの未来像として）視線を」である。そのためのきっかけをつくることが活動の趣旨であり、日ごろ、デザインや建築・不動産・まちづくりのコンサルタントなどをとおして、いうならば環境に対する世界の常識を取り戻すべく闘っている有志により運営されている。

ＮＰＯ水都ＯＳＡＫＡ・水辺のまち再生プロジェクトは、二〇〇二年九月、大阪市立大学の橋爪紳也氏の企画した水都再生に向けての建築展「AQUATECTURE in AQUAPOLIS—水の建築・水の都市」に、発起人の一人である中谷ノボルが水辺不動産というプロジェクトを出展したのがきっかけになっている。ほかの出展が建築展らしくモデルなどケーススタディを提示しているなかで、中谷はまちのそのへんにありそうなごくベタな不動産屋を再現しつつ、扱っているのは水辺の物件のみという、建築展としては異質でありながら、まちづくりという視点では極めてストレートな提示を行った。その後、水辺を生かしたまちづくりのきっかけになるのではと、水辺好きを募り、二〇〇三年三月にＮＰＯとして申請したのである。

そこでまず始めたことは水辺の把握と自分たちの体験を深めること、そしてＮＰＯの認知向上と水辺を歩き、訪れるきっかけづくりのために「大阪水辺ＭＡＰ」を制作した。水辺以外のことはいっさい省き、川沿いのガイドマップをつくった。それは「ついでに水辺にも寄ってみよう」ではなく「水辺に行ってみよう」というモチベーションづくりのためである。水辺の歴史や豆知識も掲載し、大阪の水辺の歴史や背景も同時に知ってもらおうとした。併せて前記の建築展のコンセプトをそのままウェブ上に実現し、仮想の不動産屋でありながら、実際に取引きもする水辺不動産も立ち上げた。そのなかなか水辺の物件は少ないが、それでもなんとか探し出し、掲載している。そのな

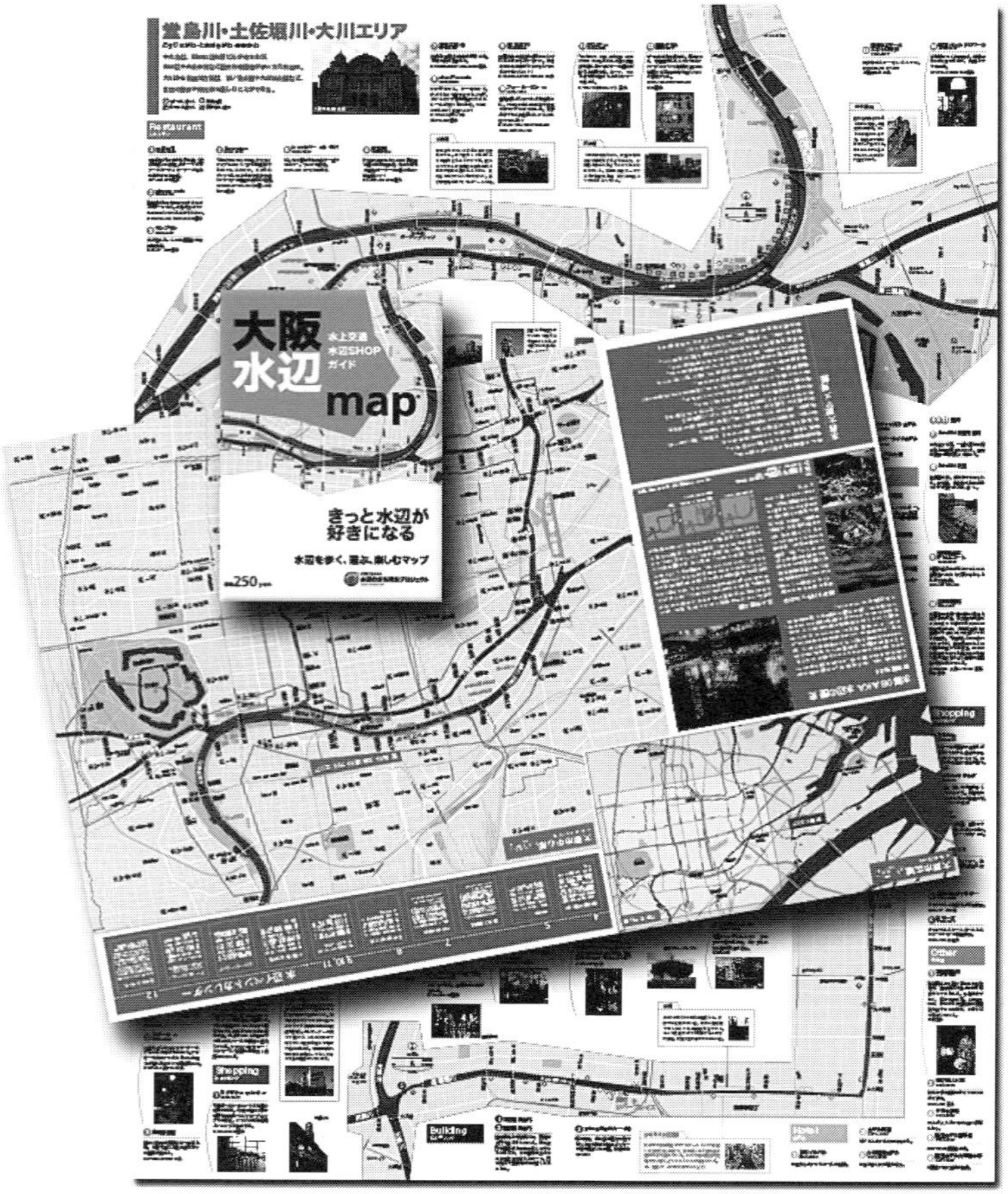

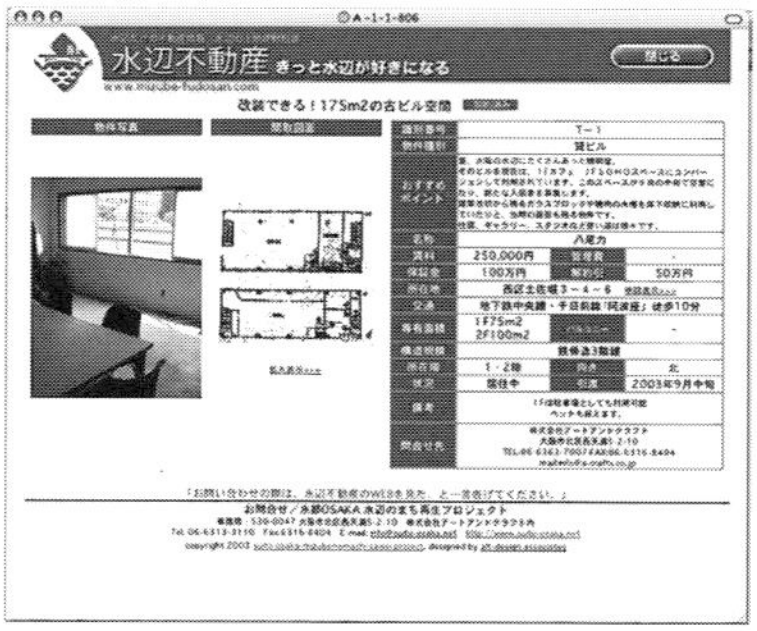

●大阪水辺マップ（上）
●水辺不動産のホームページ（右）
●水辺の建築・水の都市展の水辺不動産（左）

かで数件の契約も実現した。ロケーションに絞った不動産があるようでいてないなかで、この経験をとおしてその可能性が実感できた。

次に水辺に視線を向けるために「水辺ランチ」を企画した。毎週水曜日のお昼時に中之島の剣先公園に集まり、弁当（ランチ）を食べるのである。何を用意するでもなく集まり持参した弁当をただ食べるのである。水辺でランチをするモチベーションをつくり、非日常性を感じてもらい水辺の魅力を感じてもらえれば成功である。二年目の一年間は場所を移動してさまざまなロケーションを探るフィールドワークも実施した。

現在は一年目の剣先公園で引き続き実施している。寒い冬と暑い夏は実施が厳しいので行っていないが、夏に限り夜に「水辺ナイト」としてイベントを企画し、二〇〇七年八月で四回目を迎えた。年々参加人数も増加している。夏の大阪の水辺の恒例イベントになりつつあるのではと感じている。

二〇〇四年秋には水都ルネサンス大阪実行委員会による「秋の舟運まつり」の一環で、天満橋の南天満公園前の大川で桟橋の上に仮設の水上カフェ＆バー「9日間だけの川のターミナル・天満埠頭」を実施した。桟橋利用の仮設水上カフェ自体は都市大阪創生研究会による二〇〇三年のリバーカフェ SUNSET37の実現から恒例化しているが、それに加え、われわれNPOも発起人となり、二〇〇四年四月より大阪小型旅客船（定員一二名）運航研究会の発足とともに水上タクシーを実現させ、水上カフェに埠頭の要素も加えて進化させた。これによって一〇〇年ぶりに大阪で小型船による舟運が復活したともいわれた。やはり、船の存在、利用が水辺の活性化の大きなかぎになると確信したイベントである。そうしてNPO自体も「水上タクシー」運営にかかわることとなり、以前から伴ピーアールによるチャーター船の大阪水都リムジンや、メンバーの一人である吉崎かおりが中心になって自らの船「Robbia号」を運行して

●水辺ランチ風景

●水辺ナイト風景（右上）
●９日間だけの川のターミナル・天満埠頭（右下、左中）
●リバーカフェ SUNSET37（左上）
●吉崎かおりと Robbita号（左下）

いる。自動車免許ももたない女性が大阪の川の魅力にハマり、船舶免許を取得し、自船を購入したのである。その珍しさもあり、大いにマスコミに取り上げられた。今では大阪の水辺を語るうえで重要なキャラクターでもある。水上タクシーはおもにイベント時にしか運行していないが、大大阪クルーズとしてシーズンオフを除く毎週、予約運行している。水上バスなどと違い、小さなモーターボートはオープンエアで手をのばせば水に触れられる開放感はまた格別なものだ。親水感も大きく、改めて川からまちを見ることで視線の転換のきっかけづくりとしては効果が大きい。

今後、桟橋の開放をはじめ、係留などのインフラがまったくない現状をどのように改善していくかなどが課題であろう。もちろん、不法もしくは既得権などで係留している船を除き、市民が船を係留したり保管などする場所はほぼ皆無で、先進国の水辺の風景になくてはならない船のある風景は日本の都市の川には見当たらない。ここでも、かつて船を排除する施策が目的を達成したにもかかわらず、一度決めたら転換できない官僚行政の弊害や水辺を仕切る二重行政（大阪は市と府が重なる）もあり、単純に水辺を活性化する常識的なプランも実現のハードルはかなり高く遠い。時代は変わり転換期にきているのである。

二〇〇六年三月にソウルの清渓川（チョンゲチョン）の視察を行い、高架道路を撤去し川を復活したまちづくりを短期間で実現した現実を見た以上、できない理由はもはや言い訳にしか聞こえなくなった。これからも活動は続いていく。

●以前の清渓川の光景

●高速道路が外され、復元された清渓川

9

実験的水辺再生活動

岩本唯史 Tadashi Iwamoto
＋
墨屋宏明 Hiroaki Sumiya

水辺は都市のエッジである。社会基盤が陸地を中心に構成されてきた日本において水辺は裏側、向こう側であり、大多数の人々の意識のうえにおいては、たとえ都心を川が貫いていても、現状では無視されている。

ボートピープルアソシエイション（以下ＢＰＡ）の活動のフィールドは、まさにそのようなエリアである。東京湾とそこにそそぐ河川の中下流域の水辺（陸も水もその境界も含めて）の、特に人口重心（都心）に近い場所、たとえば品川区や大田区、中央区、横浜の市街地などの地域の水辺においてさまざまな活動をしてきた。

実はこのような地域の水辺は一九六〇年代に起こった物流革命＝コンテナバース

岩本唯史（いわもと・ただし）
建築家。一九七六年生まれ。早稲田大学理工学研究科建築学卒業。同大学院修了。二〇〇四年より、ＢＰＡに参加。東京都中央区八丁堀を本拠地とする、建築事務所at-tableの設立に参加し、二〇〇二年よりリノベーションの手法を開拓してきた。住宅やオフィス、飲食店など幅広く手がける。鹿島建設主催のクロノポリスコンペ（二〇〇二年）にてＭＶＲＤＶ賞／塚本由晴賞を受賞。

とコンテナ船の整備によってその産業的な役割を終え、稼働率が極端に下がった地域である。そこでの営みを生業としていた水上生活者のような人々も政策的に排除されてしまった。このような地域では、運河などのインフラはかろうじて維持されているが、そこにはかつて活躍していた水上の人々の姿はない。都市の水辺は「縮小する都市」のさまざまな問題を四〇年前から管理者に任せて放置してきた場所ということができよう。

この四〇年間というもの、われわれは豊かな水辺の環境を失い続けてきた。水質悪化による悪臭がたちこめた水辺に、人々が嫌気がさしたことが大きな問題であったことはいうまでもないが、そこに追い討ちをかけるようにフェンスや醜い堤防で遮断されることによって、管理者による隔離が行われ、危険さばかりが強調されることによって、「水上の自由利用」の原則は「誰もつかってはいけない」ということにすり替えられてしまった。物理的にも意識のうえでも境界線をひかれてしまった水辺の環境は向上することなく、ただそこにあるだけの存在となってしまった。ビルは水辺に背を向けて建てられ、舟運は衰退した。また、六〇年代までの産業優先の制度が依然として残り、生活者が使いやすい環境をつくるための制度とはほど遠いものとなっている。その証拠に多くの人が都心のどの部分に運河があるかなど知らない。

しかし気がついてみると、東京湾の水質は驚くほど向上している。海外の水辺利用に関するさまざまな情報が伝えられるなかで、その豊かさに気づく人々も増えてきた。

BPAはこのような背景のなか、都市と水辺、公共とプライベートというスキマで実験と実践を繰り返している。テーマとして一貫して掲げてきたのが「都市の新しい水上経験」である。

墨屋宏明（すみや・ひろあき）

システムアナリスト。大学の経営工学科を卒業後シンクタンクに勤務。二〇〇五年よりBPAに参加。本業のかたわら現代美術と水辺と社会をつなげる領域での活動を実践している。使われなくなった産業バージ船、横浜の旧財務局ビル地下などで展覧会を企画。鎌倉のNPOルートカルチャーでは、旧横山隆一邸跡地のプールで栗林隆展を手がける。鎌倉在住。学生時代からヨットに乗り、二〇〇五年、〇七年にはヨットレースの世界選手権Platu Worldにもクルーとして出場。

「水上経験」との出会い

二〇〇〇年にメンバーの井出玄一が、芝浦運河に浮かぶ艀《はしけ》(バージ船)を、水上バーに転用し、看板も掲げずに水上ラウンジを営みはじめた。船内では偶然乗り合わせた人どうしが肩を並べ自然に会話が始まった。コミュニケーションのツールとしての水上空間「Life on Board(L.O.B.)」がここに誕生した。多くの人にその魅力は十分伝わったようで、そこはちょっとした文化の中心的存在になっていった。

しかしながら、初代L.O.B.はイリーガルな存在として扱われ、二〇〇二年に閉鎖に追い込まれた。「新たな係船を認めない」港湾行政との折衝が不調に終わったためだ。このとき水辺の制度がわれわれのような存在を許さないことを思い知った。

必要性と制度の狭間

われわれにとって、東京のような歴史的にも水辺が重要であった都市において、水辺にアクセスできない、できたとしても活動的でない、多様性がないということはまったくナンセンスであった。東京がその魅力を取り戻すためには、水辺をどうにかしなければならない。どうにかしようと思って集まった仲間で始めたのが、BPAである。二〇〇二年にL.O.B.を営業許可がないという理由で閉めなければならなくなったということが契機となって、なぜ東京において制度によって市民が水辺から閉め出されているのかに興味をもち、制度のなかで、制度を変えることを目的として多くの人に水辺の都市空間の豊かさを伝え、体験してもらうための活動を開始した。

アートの枠組みでの取り組み

横浜トリエンナーレ二〇〇五では、新たに購入したスクラップ寸前の砂利や産業廃棄物の運搬船だった艀を改修し、船底に砂利を敷き詰めたうえにソファを配し、天井にはミニマルな建築物の象徴として空が見える農業用のビニルハウスを取り付け、トリエンナーレのほかの作品とは少し離れた場所に係留した。陸上と水上、室内と屋外、それらのスキマである空間を使って、会期中に「Life on Board-13号計画」と名づけられた作品内（船内）でわれわれがキュレーションする作家の展覧会やシンポジウム、ライブパフォーマンスを催した。ディレクターを務めた美術家の川俣正は、ダニエル・ビュランの八〇〇メートルの長いプロムナードを通過し、ふだん市民が訪れることのない山下ふ頭の保税倉庫に到達することで「日常からの飛躍」を演出したが、われわれの「Life on Board-13号計画」では、山下ふ頭に不安定にゆらゆらと係留された船に、陸からたった一メートル渡る行為で、非日常の空間に観客を迎え入れた。トリエンナーレのなかで小さなトリエンナーレが独立しているかのように感じられた。このときにバージ船を「浮動産」と称し、オフィスや図書館や水上ラウンジなどさまざまな機能のL.O.B.を複数集めることで都市をつくるという構想も生まれた。また、船内にてシンポジウムを開催し、港湾行政の官僚や都市計画家、キュレーターなどに船上体験をしてもらったことがその後の活動に大きな影響を与えることになった。

水上経験のさまざまなかたち

トリエンナーレという係留特区が解除されても、艀にこだわらずに同時並行的に水辺

●船内で行われたシンポジウムでは、水上ならではの感覚によってか、充実した議論が行われた。

の生活を楽しむいくつかのプロジェクトを実行してきた。たとえば、品川区・中央区に張り巡らされた運河をボートで探検するワークショップを開催し、水辺の視点から発見した建物や風景を地図にマッピングした「Canal Cruising Map」を作成。品川の運河に駅をつくって、都市の水辺を船やカヌーで楽しむことができるようにした「運河の駅」プロジェクト。いずれも、さまざまな形態で水辺の豊かさや連綿と続く歴史

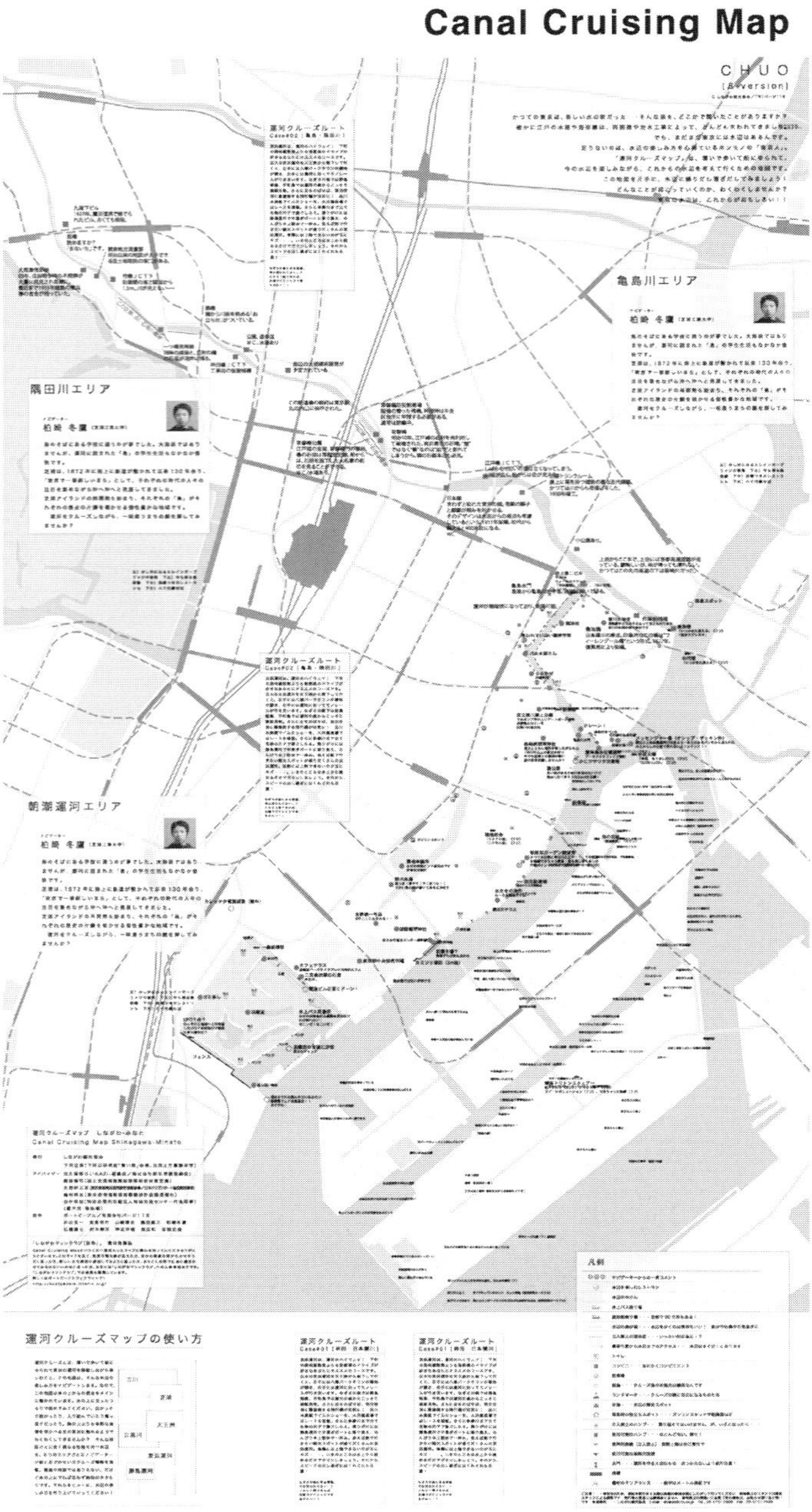

●Canal Cruising Map は、品川芝浦版、中央区版がある。川から眺めた都市を地図にプロットした。

を感じてもらうためにかたちにしてきた活動である。

「防災船」としての取り組み

二〇〇七年には内閣府の都市再生プロジェクトの一環として、大井競馬場組合が保有する桟橋で、艀を再利用した防災施設のリサーチプロジェクト「防災＋船＋アート」を実行した。ソーラー発電とバイオディーゼル発電装置を設置した船内で、一週間帰宅難民としてサバイバル生活を経験する実験を行った。

サバイバル生活の後半には、ドイツの現代美術家ポル・マロが思い描いていた、「戦場や災害時を想定した精神的救済のための仮説美術館」というコンセプトで彼と一緒に空間を構築した。競馬場と倉庫群と高度経済成長時に建てられた高層マンションに挟まれた水辺に、ミニマルな水上コミュニティを実現することができた。

アイデアの根源は、阪神淡路大震災において分断された陸上輸送にとってかわって大活躍した水上輸送の話を舟運関係者に聞いたことにある。水上で成立する自立エネルギーは都市のインフラに依存せず、災害時に有効にはたらくという。

自由に水上を搬送できる船を都市に準備しておくことを目指してこの船は改装された。災害時に有効に機能させるためには、平時にも活用されていることが必要になる。単に災害時に適正化させるのではなく、平時に居心地のよいものであるかどうかをわれわれのサバイバル生活で実証実験することとした。

この艀のコンバージョンを公共水面で成立させるために行った六カ月におよぶ役所との調整はこのプロジェクトにおけるもう一つの重要な側面である。船を係留するという単純な行為を成立させるためだけに行った、国、都、区役所、消防、警察との調

●大井競馬場駅前にて行われたイベント、「防災＋船＋アート」。

●横浜のBankART Studio NYKにて行われた「地震エキスポ」に参加した。
●船内で行われた実験的パフォーマンス。

整のプロセスそのものも、われわれの活動の重要な表現である。このプロセスを経ることによって、多くの人々を否応なしに巻き込むことも一つの成果である。このプロセスを経験することも、このプロセスそのものも「水上経験」であり、この経験の積み重ねによってわれわれが思い描く都市の水辺の将来に近づくことができると考えている。

活発な活動が制度を生む

BPAの特徴の一つはメンバー構成である。メンバーは都市開発・建築・メディア・シンクタンクなどさまざまな分野の専門家で構成されている。水辺が好きで、操船技術や自然を利用した力学や生活術にも関心をもっている。週に一度のペースで本業が終わったあとにディスカッションをし、週末に作業を実行するというかたちでプロジェクトが進められている。もちろん、それぞれの専門性がこのプロジェクトの進行に生かされているのはいうまでもない。

本業でこうしたプロジェクトをまじめに行うと、かちっとやりすぎるあまりにコストもかかり、結果もぼやけてしまうことがままあるが、われわれのような存在が実験的活動として実践することで、多くの人々に訴えるアウトプットが自然に生まれるのではないかと思う。逆にわれわれの実験的活動をとおして得たアイデアを、本業の都市開発や建築物や社会のシステムにこっそり少しずつ注入することで自分たちの活動が社会によい影響と結果をもたらすことができればいいと考えている。

産業と経済とシステムを優先し、水辺の環境を失い続けてきたのは、人々が職業である専門性に縛られ、経済や効率性を優先し、本来都市生活を豊かにする空間である水辺に目を向けることに重要性を感じてこなかったからにほかならない。われわれの本業もこのようなシステムに組み込まれているので、悠長に実験をすることなどかなわない。

この活動はデザインでもないし、都市計画でもない、アートでもない。新しい水辺やコミュニティのあり方を模索する実験的開拓行為である。われわれにとっても今のところ、BPAという仕組みによってでしか新しい水辺の可能性を探ることはかなわないのである。

BPAはこれまでもこれからも、水辺の豊かさと重要さを社会に気づかせる実験と実践を通して継続する。そしてそれが縮小する都市において、水辺の豊かさを再発見するために有効な手段であるということを信じて。

●東京から横浜へ曳航している様子。エンジンがないため、音がとても静かであることが他の船と違う所。係留場所確保のハードルが高く、常に東京湾を行ったり来たりしている。

BOAT PEOPLE Associationは、アート、建築、都市計画、地域交流などの分野で活動するメンバーによって構成されるグループ。現在のメンバーは井出玄一、坂倉杏介、山崎博史、藤田雄三、岩本唯史、墨屋宏明、桜庭伸也。都市の新しい「水上経験」をテーマに、運河の地図「Canal Cruising Map」の制作や水辺のワークショップ、横浜トリエンナーレ2005などでのアートワークを手がけている。http://boatpeople.inter-c.org/

ストック型思考

大野秀敏

日本は建物を三〇年から四〇年しか使っていない国である。消費大国アメリカですら、その二倍程度長く建物を使うらしい。欧州各国ではそれよりさらに長い。それゆえ、日本ではストック型の社会をつくるべきだと叫ばれてきたが、一方で、その短命こそが日本の建設産業の繁栄を支えている事実を前にするとかけ声もかすみがちであった。ただ、今回は地球環境問題がからんでいるだけに、今までどおりというわけにはいかない。

　ストック型の社会は物的に長持ちする建築によって生まれるのではなく、長持ちさせる文化だけが生み出すことができる。身の回りの建物を思い浮かべて四〇年前、つまり昭和四三年竣工の建物と聞くと、建て替えてもよいかなと思ってしまう。これが短命ストック型の文化である。ストック型の文化であれば、誰もが昭和四三年竣工と聞いたとき、修繕しながら使うのが当然だと思い、壊すという話があると、「それはもったいないことだ、まだ使えるのに」と考える。法隆寺が長持ちしたのは、木造建築が特段丈夫なわけではなく、幸運に加えて長持ちさせようという意志があったからである。ただ、これだけではない。既存の建築に手を入れて機能改善をする建築技術、つまりメンテナンス技術が継続してあることも重要である。金輪継ぎという仕口は、地面に近く傷みやすい柱の下部だけを取り替えるときに使う仕口である。文化とは、意志と技術の結合によって生まれる。

ストック型の社会では、普通の建物が多数長く使われることが必要である。そのためには、普通の建物が建物を長く使うことに経済的な合理性がなければならない。もちろん、現在の日本には新築中心の技術と産業と法体系しかないから、よほど工夫をしないかぎり採算が合わない。馬場正尊氏（事例11）はそのような工夫をしている先進的な建築家である。

一般的に建築家はそろばん勘定が下手だが、それ以上に経営や経済を軽蔑しているところがある。その理由は建築家が芸術家のはしくれだと任じているからであろう。芸術的価値は万の駄作のなかに一つの名作を見いだせばいいのだから、基本的に反経済的、浪費的である。そのうえ近代の芸術観は伝統否定の革命志向である。これは、建築でいえば新築志向ということになる。このように建築美学もまた、建築家をストック型思考と経済性を考えることから遠ざけてきた。

梶原文生氏（事例10）はコンバージョンからコーポラティブ、リゾートなど二一世紀型の設計のレパートリーに活動を広げつつ、設計業務を経済性をもった事業モデルとして考えようという新しい波の先頭にいる。そして、馬場氏も梶原氏もともに新築にこだわらない。彼らのような建築家が、ストック型の物件をカッコいいものに変えていく。文化とはカッコいいものを追い求めることの言い換えである。

10

縮小時代の「利用」と「再生」手法
「もの」「しくみ」「コミュニティ」

梶原文生 Fumio Kajiwara

梶原文生（かじわら・ふみお）
一九六五年東京生まれ。八九年東北大学工学部建築学科卒業後、コスモスイニシア（旧リクルートコスモス）を経て、九二年、都市デザインシステムを設立。「都市とコミュニティにとって意義あるモノを創り続ける」ことを目指し、六〇を超えるプロジェクト実績をもつコーポラティブハウスのリーディングカンパニーであるとともに、コーポラティブハウスで培った企画、コーディネート、設計のノウハウを生かし、国内外でさまざまな新規事業を展開。東北大学非常勤講師。

はじめに

ないからつくる。「あったらいいな」や「ほしい」をカタチにする。

私たち、都市デザインシステムは建築・不動産に関する企画や設計、コンサルティングなど幅広い業務を行っているが、何かをつくろうとするときに考えるのは、まず私たち自身がエンドユーザーの視点に立つこと。また、人が集まり、さまざまな時間や体験を共有できるコミュニティが形成される仕掛けをつくること。そして、建築という「もの」をデザインすると同時に、事業として実現していくための「仕組み」をもデザインすること、という三点である。

現在、私たちが置かれている社会的、経済的環境を見ると、少子高齢化、コミュニティの希薄化、ストック型社会が到来しつつあり、これらを建築・不動産の視点に置き換えてみると、スクラップ・アンド・ビルドの新築市場からリノベーションやコンバージョン等のストック市場への移行が挙げられ、そのストックを形成するさまざまなビルディングタイプとそれらの利用方法との間に需要と供給のミスマッチといった問題がある。さらに都市の視点まで拡大してみると、都心部への一極集中と地方都市の過疎化や財政破綻といった問題が挙げられる。

また、建築・不動産をめぐる市場の複雑化、ファンドの参入などによるプレイヤーの多様化、あるいはマーケットに存在する需要の質が変化しているにもかかわらず、供給サイドがそれらに対応できていないというのが現状である。

人口、経済を主軸として縮小しつつある都市、そしてそこに存在する建築に対して、私たちができることは何か。これまで私たちが行ってきた、あるいはこれから行っていこうとするプロジェクトを紹介し、縮小する都市と建築の可能性について考えてみたい。

コーポラティブハウスからコレクティブハウスへ

一九九二年の創設以来、私たちはコーポラティブハウスを基幹事業としてさまざまな方向へ事業を展開してきた。コーポラティブハウスとは「入居予定者が組合を結成し、共同して事業計画を定め、土地の取得から建物の設計および工事の発注等、自らが事業主となって行う」方式の集合住宅である。[*1]

*1　一九七八年旧建設省住宅局コーポラティブ方式研究委員会

私自身、マンションを購入しようとした際、わずかな間取り変更もできず、思いどおりの住まいが得られないという状況や、住人どうしのあいさつもない環境で暮らすことを疑問に思い、「自分の思いどおりに設計できる」「安心して暮らせる良好なコミュニティがある」という二点を満たす集合住宅を事業として成立させるための方法を考え、コーポラティブハウスにたどりついた。

二〇〇七年一二月現在までに六六棟九六八世帯の供給を行ってきたが、入居予定者自らが住まいづくりのプロセスに参加し、共用部の仕様や管理方法をはじめ、さまざまな内容について互いに対話を重ねていくことにより、コミュニティを形成しつつ、住まいや地域に対する愛着を深めていく過程をノウハウとして培うことができた。この延長上にあるのがコレクティブハウスへの展開である。

コレクティブハウスとは「プライバシーが保たれ、独立した複数の住宅に共用のスペース（コモン）をもち、居住者が主体的に住運営に参加・協働する住まい方」であり、私たちは二〇〇七年一月、既存ストックをコンバージョンした賃貸型コレクティブハウス「スガモフラット」の事業企画・設計監理を行った。

分譲マンションの二階に設けられた、元児童館として使用されていたスペースの有効利用の提案を事業主である不動産会社から依頼され、さまざまな角度から検討した結果、コレクティブハウスに到達し、既にコレクティブハウスの実績をもつＮＰＯ法人の設計監修・居住者コーディネートを得て完成に至った。

プランとしては、シングルタイプ、ファミリータイプ、シェアタイプなどの専有部九戸一一世帯と、リビング、キッチン、ランドリー、バルコニー等の共用部からなる。完成にいたるまでに一五回を超えるワークショップを行い、入居前に既にコミュニティが形成されていたが、完成後も定期的なワークショップや掲示板などによる情報共

有やコミュニケーションが図られ、「コモンミール」という当番制による食事の共同化等も行われている。入居者の家族構成もファミリー、カップル、シングル、学生などさまざまである。

建築のストックが増加し、かつそのストックが一棟単位ではなく、フロアや住戸単位となったとき、これらはいわば「歯抜け」状態で定常化する。ここで求められることは、既にある周辺要素も含め、いかによりよい利用方法や仕組みを提案できるか、ということである。

スガモフラットでは、協働する暮らしを志向する人のための住まいと共用部、そして多世代にわたるコミュニティをもち、安心して暮らせる空間を提案することで、ほかのフロアの居住者にも受け入れられた。

今後、建物の大小やビルディングタイプにかかわらず、局所的なストックに対する多様な利用の方法を考えたとき、コレクティブハウスは建築のみならず、コミュニティの崩壊や少子高齢化という問題に対してもさまざまな提案が可能であると考えている。

有料老人ホームファンド

一九八〇年代後半のいわゆるバブル期、福利厚生面の拡充を目的として多くの企業によって独身寮や社員寮、レクリエーション施設等が建設された。その後、バブルが崩壊し、福利厚生施設の多くは売却の対象に、あるいは収益を生む施設として運用する必要が出てきた。一方で、不動産投資マーケットにおいても、収益還元の考え方（または、収益還元法）が定着しつつあり、不動産の経済価値は「利用価値」であるとい

■コーポラ／コレクティブ（右より）
●Roof（屋根）、そして世帯数一一をギリシャ数字で表したXIを居住者自らが組み合わせて名づけたROXI（ロジ）。忽然と浮かぶ船のような印象を与える外観と同時に、自由設計により、内部は各住戸ごとにまったく異なるそれぞれに個性的な仕上がりとなっている。二〇〇三年一一月竣工。全体設計／SGM環境建築研究所・佐々木聡、撮影／藤塚光政
●入居者どうしでの団らんの様子。自由設計はもちろんのこと、プロジェクトによってさまざまなかたちでこうしたパーティや集まりが催され、居住者のゆるやかなコミュニティに対する満足度は非常に高い。
●野川エコヴィレッジ1。建設中の自然観察ワークショップの様子。こうした活動が地域の自然への愛着を育み、完成後現在までの四年間、月一回のペースで自主的な川の清掃が続けられている。（Copyright©『ソトコト』編集部・小松士郎）

う考え方が浸透しつつある。こうした流れのなかで、遊休施設化し、ストックと化した建物を有料老人ホームとしてコンバージョンし、運営するスキームを提案するのが有料老人ホームファンドの概要である。

社員寮などビルディングタイプが明確に定義されたうえで建設されたストックは、大浴場、会議室、大食堂など、一般的な集合住宅にはコンバージョンしにくい要素が付加されていることが多い。また、少子高齢化という潮流を意識すると、高齢者への介護サービスを提供する居住型施設に対する需要が増加する一方、その供給は間に合っておらず、その背景には介護事業者が施設を建設する際、資金調達から不動産の取得までを自力で行うのは介護事業者にとって負担が大きいという現状もある。

有料老人ホームファンドのプロジェクトでは、こうした遊休施設をより有効に活用するために、独身寮を建築構成要素が類似する有料老人ホームへとコンバージョンし、運営を行う介護事業者を誘致して長期賃貸物件として再生すると同時に、投資家をからめた新たなる再生利用スキームを構築した。また、このスキームによる実績を重ねる過程で、安定的に有料老人ホームを供給していく方法として、投資会社とともに有料老人ホームに投資を行う有料老人ホームファンドを組成するにいたった。

遊休施設を売却・有効利用したい建物所有者、介護施設を運営したい事業者、そこに収益可能性を見いだし投資を行いたい投資家の三者をマッチングさせるスキームを提案・実現したのである。需要に応じたコンバージョンや、それを事業として成立させる「仕組みづくり」の経験は、有料老人ホームというビルディングタイプのみならず、今後新たな需要、潜在的な需要に応用していける可能性があると考えている。

クラスカ

一九六九年、高度成長期に建てられた「ホテルニューメグロ」をリノベーションしたプロジェクトが「クラスカ」である。宴会場やレストランを併設した三三室のビジネスホテルとして使用されていたホテルニューメグロは、その後の老朽化や需要の変化により、いわばデッドストックとして使用されないまま放置されていた。

単純にハード面のみの手直しや改修といった対応だけでなく、使い方やその組み合わせといったソフト面のプログラムをいかに付加価値として提案できるか、そして、それらを包括した「どう暮らすか」という問いから、クラスカというプロジェクトは始まった。

インテリアショップの立ち並ぶ目黒通り沿いという立地、一方で住宅街である周辺の環境を踏まえてホテル客室数を九室に抑え、二七室は長期滞在型客室とし、そのほかはワークスペースやギャラリー、ブックストア、カフェレストランやドッグトリミングサロンなどの多様な機能を付加した。それぞれの分野でオリジナルな活動を続けるクリエーターたちとコラボレーションをしつつ、住むこと、働くこと、暮らすこと、集まることなどさまざまな営みが行えるようリノベーションをした。

ここでの経験により、老朽化や需給のミスマッチ、あるいは観光地の衰退などにより廃業を余儀なくされたホテルや旅館のストックに対して、リノベーションによる付加価値の創造、さらに、その場所でのコミュニティの活性化とムーブメントの創出という点で、地域社会に対するポジティブな投げかけが可能であると考えている。

■有料老人ホームファンド（右より）
●遊休施設となっていた企業の社員寮を、有料老人ホームとしてコンバージョンした。
●同老人ホームの、ファサード。ガラス部分改修前の内部の様子。社員寮の廊下として使用されていた。
●同部分改修後の様子。従来の廊下に取り付けられていたサッシュを撤去し、カーテンウォールとすることで有料老人ホームの廊下幅の基準をクリアした。結果的にこの部分が建物の顔となった。

■クラスカ

●改修後の外観。もともとのデザインを最大限に生かしつつ、リノベーションしたことでモダンさとリズム感が強調された(上)。

●改修前の外観。しばらく使用されずに放置されていた(左上)。

●室内。一二〇平方メートルある空間は「デザインしないデザイン」がテーマ。家具まで徹底したオリジナルで、ゆったりとした気持ちのよい空間になっている(中)。

●一階「The Lobby」の様子。ペットのトリミングサロン、洋書店、カフェを融合させ、宿泊客、居住者はもとより、地域住民にも開かれた場所として機能している(下)。

最後に

これまで私たちが行ってきたプロジェクトと、そこで縮小していくさまざまな要素やストックに対して提案してきた内容を概観してきたが、最後に、現在北海道で進行中のプロジェクトについてご紹介しつつ締めくくりたい。

廃校になった学校を利用して、先日、私たちは林間学校を主催し、自らも参加者として活動を行った。少子高齢化、人口減少や財政難等により統廃合が進む学校施設のストックが増加するなかで、それらをどのように利用するかというのは、一般的かつ急を要するテーマになりつつある。もちろん、立地的に条件が整えば、ハード面でのリノベーションやコンバージョンによって提案できる利用のバリエーションもあるが、有力な観光資源もなく、過疎化が進んだ地域に対して何を提案すべきか、まず私たち自らが林間学校を主催し、その地域を体験し、魅力を感じることが不可欠だった。

都市に暮らす人々がその地域を訪れ、何を体験し、何に感動し、また訪れたいと感じるのか、また、それによってその土地に何がもたらせられるのか、よりよいプログラムやソフトあるいはハードは何なのかという問いを検証していきたいと考えている。

都心部への一極集中と地方都市の過疎化や財政破綻といった問題が挙げられるなかで、私たちが提案できることは何か。縮小と減少に伴い、ストックと利用可能な土地が広がることは、一方でチャンスではないかと考えている。これらの問いを次なる提案と実践のテーマとして活動していきたい。

●廃校となった小学校を前に遊ぶ参加者の子どもたち。ここが林間学校の会場となり、三泊四日の間、さまざまな参加者でにぎわった。Ｍｙ箸づくりから始まり、ジビエ料理体験、気球打ち上げ体験、カナディアンカヌー体験など、さまざまなプログラムを楽しんだ。

11

都市を編集する。「東京R不動産」と雑誌『A』

馬場正尊 Masataka Baba

都市計画、不可能の時代に

既存の都市計画の手法は既に崩壊したと思っている。マスタープランを描いて、それに向かって造成を進めるタイプの方法論は、今後さらに成立しにくくなっていくだろう。都市を取り巻く状況は複雑になりすぎ、今ではあらゆる物体で土地は覆われている。そこに脳天気に引いた線が実現するほど、この時代の計画はリニアで単純なものではない。

条件や状況が刻々と変化していく現代において、計画が立てられる前に変更を迫ら

馬場正尊（ばば・まさたか）
一九六八年佐賀県生まれ。九四年早稲田大学大学院建築学科修了。博報堂、早稲田大学博士課程、雑誌『A』編集長を経て、二〇〇二年Open Aを設立し、建築設計、都市計画を行う。近作として、東日本橋のオフィスコンバージョン（二〇〇四年）、運河沿いの倉庫をオフィスに改造した、勝ちどきTHE NATURAL SHOE STOREオフィス&ストック（二〇〇七年）。茨城県守谷市に「郊外の小さな農家」をテーマにした住宅の設計などを手がける。著書に『R THE TRANSFORMERS／都市をリサイクル』（R-Book製作実行委員会）、『POST-OFFICE／ワークスペース改造計画』（TOTO出版、二〇〇七年）など。

れることが当たり前。実際、僕もそういう現実に何度も遭遇してきた。描かれようとする計画は、同時に壊されようとする。

誰からでも容赦なく情報をリリースできるような、また個人がマスメディアになりうる（もしくはなったように振る舞える）道具・手段を手にした時代となっては、計画は常にさらされ、刻々と変化することを迫られ、揺さぶられる。「刻々と変化を求められる計画」、この表現自体が既にパラドックスだ。変化を過度に強要しはじめたとき、それはきっと計画ではなくなるだろう。

建築家も近年、都市計画に対し極端に介入しなくなった気がする。おそらくそれはリスクを伴うからだ。東京や都市について、マクロな議論を展開することはうさんくさく見えてしまう。クレバーな建築家は今、都市計画になんて触れないのかもしれない。小さな敷地への解法は発展している。特定の場所に、特定の解を発見する手法は、東京でもっとも試され、確立しているように見える。それを街全体にエキスパンドしていけば普遍的な力を得るかもしれない。でもなぜか僕は、そういった手法だけに満足できないでいた。ミクロな視線とマクロに東京をとらえる視線の間を行き来するような方法論がないのだろうか？　経済にも市場にも向き合って、それを牽引する建築はありえないだろうか？　巨大さに直結する部分を生成する建築はないのか？　この問題提起に向かって、さまざまな試行を繰り返している。

建築の領域を再定義する

僕が「東京R不動産」というメディアをつくるきっかけになった出来事は、ちょうど二〇〇二年に起こった。史上最大ともいわれるオフィスビル過剰供給が行われ、それと引き替えに都心の中古ビルが余り、空室率が一気に高まる現象「二〇〇三年問題」がにわかに騒がれはじめるころだった。

そんなとき、意外なところから相談があった。それは、ある外資系銀行から「不良債権化していたビルを買ったのだが、そのままでは売れないので新しい機能とデザインによって再生してくれないか」というものだった。一見、普通のインテリアデザインの依頼のようにも見えるが、実はこの奥には現代の都市が抱えるさまざまな問題が潜んでいるような気がしたのを覚えている。

地価の下落、不良債権処理、首都圏人口の減衰、二〇〇三年問題。顕在化するさまざまな都市問題。世の中を注意深く見回してみると、この依頼は現代都市の縮図であったということに気がつく。それがゼネコンなどの大きな組織にではなく、小さな組織に対して外資の投資銀行から直接行われたアクションであるということも興味深かった。

「不良資産化したビル」、それは今まで建築から遠い場所にある言葉だった。「それをデザインの力でなんとかすることができないか」と、遠い世界の住人だと思っていた外資の銀行にいわれたことによって、それらの言葉が近くに下りてきた。それは自分たちにも関係のあることなのかもしれない。経済の問題であると同時に、都市の風景やそこに住む人々のライフスタイルに色濃く影を落とす事象である。このとき、建築が実体経済にダイレクトにつながっていく可能性を感じた。意識したのは次の三点。

・デザインの領域を再定義する。
・既にある都市を使う。
・建築すべきサイトを探す。

特にデザインの領域を再定義しなければならないと強く感じていた。いわゆる可視化できる物体のデザインではなく、経験の総和のようなもの。

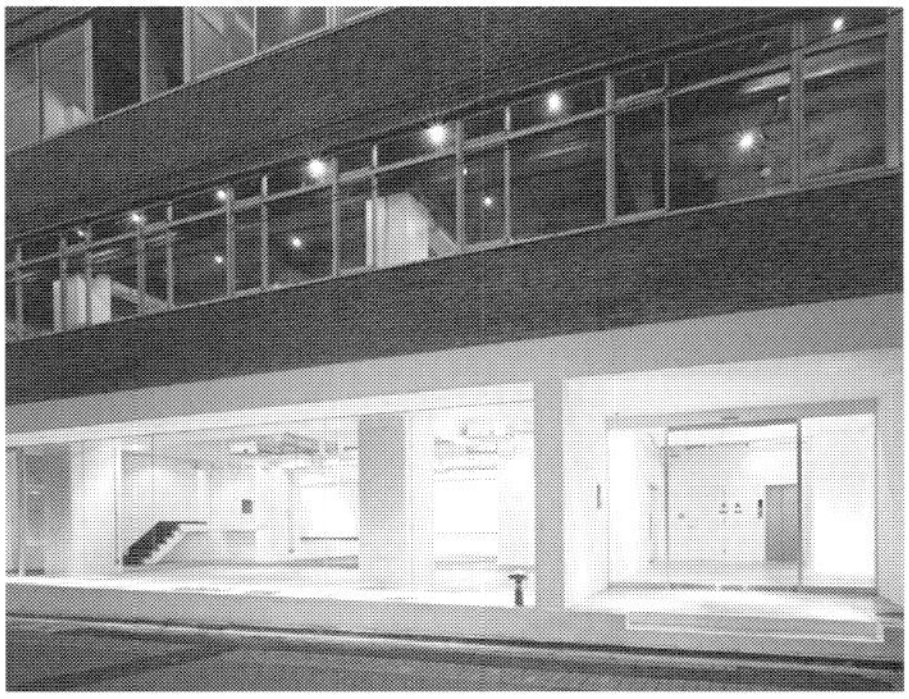

●東日本橋 Reknow
東日本橋の築四〇年の倉庫ビルをオフィス、スタジオ、住居にコンバージョン。その後の改造系の仕事の誘因となったプロジェクト。
設計／Open A　撮影／Daichi Ano

それから三年間、僕はたくさんの古いビルを再生するプロジェクトを実践することになる。そのプロセスは、まるで都市と会話するような行為だった。たとえば古い文脈をもったビルと向き合うこと。それは変わる法律や耐震基準、周辺環境やマーケットの変化、そしてビル自体の新しい機能やビルディングタイプまでを抜本的に読み返すことでもある。そこには常に都市の変化の断面が蓄積されている。ときには今まで建築家の領分であるとされた領域の外にも分け入っていかなくてはならなかった。そこから生まれた突然変異が「東京R不動産」である。

「東京R不動産」の発見

最初はそれが不動産サイトになるとは思っていなかった。空き物件、空き地から東京の現在を透かして見る、いわば都市の観察記、考現学のようなつもりで始めた。潜在的に眠っている魅力的なヴォイドを発見し、それらが取り残されている理由や隠れた魅力を顕在化してみる。それによって、もう一つの東京が見えてくるような気がする。でもその時点では、「東京R不動産」はどこにでもあるウェブ上のメディアにすぎなかった。それが別の様相を帯びはじめたのは、リアルな不動産市場、すなわち経済と結びつき、自走しはじめたときだった。

「東京R不動産」とは、東京に潜んでいる魅力的な物件(住居だったり、敷地だったり)を採集し、ウェブサイトに写真と解説つきで図鑑のように蓄積していくもの。僕にとっては前述した「建築すべきサイトを探す」という実践の一つになっている。最初はただの図鑑だったが、途中から「この物件は実際借りられないのか?」という要望に後押しされ、不動産仲介サイトになった。

●「東京R不動産」のトップページ。最初は、空き物件から都市を観察する考現学的なサイトだったが、二〇〇四年に不動産仲介の機能をもったことで、それにより現在、月間三〇〇万ページビュー、会員数二万人のサイトに成長していった。たくさんの人々がこのメディアを見て、さまざまな意見を直接送ってくれる。それによって東京に住む人々が住空間についてどんなことを考えているのかがリアルに感じられるようになった。

僕は広告会社に勤務、『A』というサブカルチャー建築雑誌の編集長を経て設計活動にたどり着くという、少しめずらしいキャリアをもっている。雑誌『A』がメディアだったのに対し、「東京R不動産」は、具体的な不動産流通を促すドライバーへと成長し、いつしか自走するシステムとなった。このメディアをつくりながら、僕は新しい都市計画のヒントを見つけたような気がした。それはビジョンや図面ではなく、システムで表現する計画。このサイトは、僕らにとって既に第二の自然と化した既存の住空間を発見、再読、誤読しながら再生産するためのシステムだ。一見、なんでもない空間に注釈をつけることによって、読者に空間認識のヒントやきっかけを与える。そして「引っ越し／移住」という誰もが行う、具体的で普遍的な行為を誘発する。都市のリサーチから始まって、それが実際に空間を流通させるエンジンに変わっていった。

東京は流動するように、ノマディックに生活してこそ楽しい。空間特性を読み解く感性をもっていれば、東京ほど創造力のすき間がたくさん用意されている街はない。異様に不完全な街なのだ。パリやロンドンなど、ヨーロッパの首都が大切にし続ける歴史的な文脈との決別も、この東京はいとわない。ニューヨークやシンガポールのように高密度化が進んでいるわけでもなく、異物が入り込む余地を残している。北京や上海のように、国のひと声でいくらでも開発ができるほど単純ではない社会背景を抱え込んでいる。

「東京R不動産」は、実効性のあるツールになっていた。メディアとツール、その両方の役割をもつことで、東京に新しい空間を再生産している。

フランスの哲学者・社会学者のアンリ・ルフェーブルは『空間の生産』*1のなかで、同質化され断片化された商品としての空間、つまり資本主義の理論のみでつくられる空間を「抽象空間」と呼び、批判した。そこには常に空間を管理する側の理論が優先

●雑誌『A』。一九九八年から二〇〇二年まで四年間にわたって製作された。都市、建築とその周辺領域／サブカルチャーを結ぶような雑誌だった。編集のノウハウも何もないままに、二〇代の勢いだけでつくったような雑誌だった。この編集をとおし街を動き回って情報を集め、それを発信することにより、ある瞬間から情報が逆に流れ込んでくる現象を経験。メディアを等身大にとらえることができるようになった。その後つくる本や「東京R不動産」への伏線になっている。

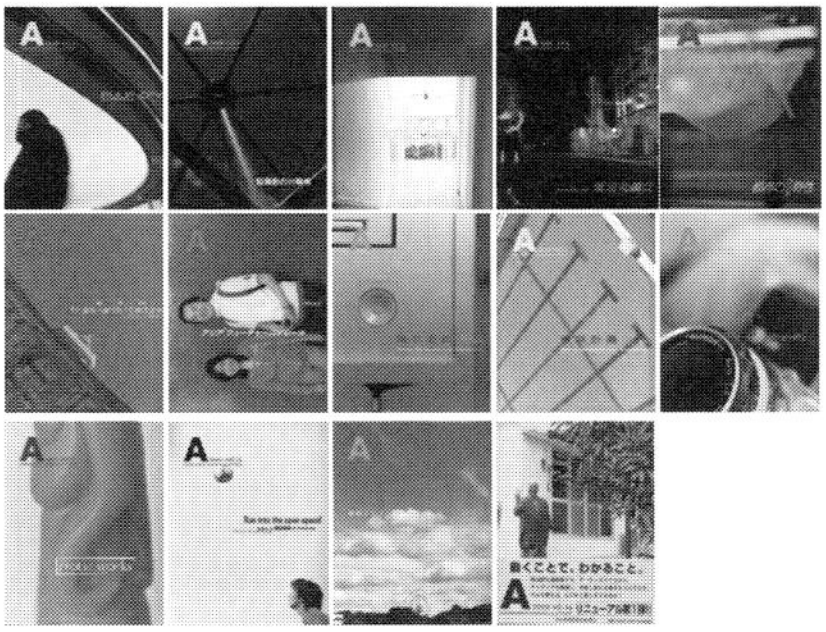

*1 青木書店、二〇〇〇年

され、それは本来、空間がもっていなければならない身体的なリアリティが欠落していると指摘した。偶然ではあるが、「東京R不動産」はルフェーブルがいう「空間の生産」をいつのまにかに実践しているような気がする、この東京をフィールドにして。

●門前仲町のパークアクシス。門前仲町の典型的なオフィスビルを賃貸集合住宅にコンバージョン。壁を抜いて巨大な窓を確保したり、天井スラブを抜いて屋上を庭にしたりと、小さな工夫を集積。「目的賃貸」をテーマとした。コンバージョンなのでどうしても変わったプランになってしまう。そこで一般的な住居としてのバランスは捨てて、人生のある時期にだけ圧倒的に住みたくなる、目的性の高い賃貸にすることで活路を見いだした。「東京R不動産」があったからこそ、特殊なニーズをもつ住人を発見することができたのだと思う。

●勝ちどきの倉庫、The Natural Shoe Store Office & Stock 。勝ちどきの運河沿いの倉庫をオフィスに改造。このオフィスは、静岡に本社をもつ靴の製造・輸入販売メーカーの東京支店である。断熱もない巨大空間をまともに空調すると膨大な光熱費がかかる。そこで考えたのは、倉庫の中にガラスのキューブを置いて、中だけを空調すること。四トントラックも出入りする幅六メートルの巨大なドアを開ければ、そこはほぼ屋外だが、全面にフローリングを敷きつめ、裸足で歩かせることで人はそこを室内と認識する。内と外の中間領域をつくることで、庭のようでもあり、巨大なリビングのようにも感じることができる。靴の会社にとっては試し履きの空間でもあるわけだ。ガラスキューブがゴロンと置かれ中央にバーカウンターが設置されている。そこをコミュニケーションの中心としながら、「水辺のテラス」や「半屋外のラウンジ」にデスクやミーティングテーブルが散在する。人々は能動的に働く場所を選択することができる。時に寝ころびながら、時に運河の風や日差しを浴びながら仕事をすることが可能で、おのずと流動的に空間を使ってくれるのではないかと思っている。
設計/Open A　撮影/Aaichi Ano

都市を遊ぶ

大野秀敏

われわれも親の世代もその上の世代も都市建設に忙しかった。都市とはつくるものだという考え方がさも当然のように定着してしまった。しかし、歴史を振り返れば都市のほとんどの時間は「利用」されている時間であった。都市に限らず何でも、使い方次第で真価を見せることもあれば、まったく逆のこともある。だから「利用」は創造である。決して受け身の行為ではない。

　商業資本が都市を支配し、都市が消費欲望喚起装置一色になってしまってから、人々は都市が遊んでくれるのを待つようになってしまった。都市のほうから興奮や刺激、驚きを口当たりよく加工して人々の目の前に提供してくれるのを待っている。人々は要求をつり上げていく。その結果、都市はパチンコ店やテーマパークのように年がら年中改装を繰り返さなければならなくなる。定期的な改装ができない都市は「にぎわい」がないと負の烙印を押される。

　しかし、都市は遊ぶ対象でもある。こんな時代でも都市を舞台に遊んでいる人はいる。東京の中高年は、雑誌「東京ウォーカー」を手に、ザックを背にスニーカーで都心を闊歩している。都市の名所を求めて都市住民が都市を逍遥することは江戸時代からはやっていた。大都市を歩き回るには案内がいるが、江戸時代には既にあった。元禄時代には七三種類の江戸名所案内記が発行されていたという。『年中行事絵巻』や屏風絵に描かれたような、都市の公共空間を舞台にしたパレードやページェント、丸谷才一が成立過程を詳述した忠臣蔵に代表される都市伝説、都市を舞台にしたさまざまなスポーツレース、通行人を舞台の登場人物に見立てるストリートカフェ、まちのあちこちで繰り広げられる花見や花火、これらはすべて都市を遊ぶ術である。

都市を主体的に遊ぶことは少なくなってきている。特に、現代の都市に遊んでもらうのに慣れた人には都市を遊ぶのは容易ではないかもしれない。実際、子供たちは路地でかくれんぼをしなくなってしまった。今や、都市を遊ぶためにも指南がいる。この章に登場する人たちは都市の遊び方を指南する達人たちである。

渡辺保史氏（事例12）は、まさに縮小する都市、函館を舞台に、都市の楽しみ方を市民とともに開発しようとしている。渡辺氏の活動を見ていると、都市の遊び方の指南は未来の建築家の専門性の発揮の仕方の方向を示唆している。竹内昌義氏（事例13）は、学生とともに蔵のコンバージョンにかかわった報告をしているが、コンバージョンやリフォームは都市を遊ぶ重要なアイテムである。それは、都市の既存のコンテクストを生かしながら、都市に新たな意味を加えることである。「Shrinking Cities」展の映像には、古い集合住宅をオフロードに見立ててモトクロスに熱狂する若者が映されている。

山代悟氏と日高仁氏（事例14）らのクリエーターグループ「RE」は、世界の都市の表層にオーバーレイをするインスタレーションを仕掛けている。アートによる都市の再解釈であり、それは二一世紀型の創造のあり方である。

12

縮小都市のコミュニティウェア
ハコダテから発信する知恵のつながり

渡辺保史 Yasushi Watanabe

二〇〇六年の秋、私はフィリップ・オスヴァルト氏が主宰する「Shrinking Cities」プロジェクトの調査に協力するため、自分が住む函館(以下、ハコダテと記述)の旧市街をカメラを手に歩いていた。

ハコダテの旧市街は「西部地区」と呼ばれ、ベイエリアの倉庫群や、坂道沿いにある各宗派の教会や寺院、このまち特有のスタイルの和洋折衷民家など、歴史的な建築を数多く抱えた、観光都市としての魅力の源泉といえるエリアだ。

だが、この西部地区は生活し、働くエリアとしては明らかにシュリンク(縮小)している。そこかしこに朽ち果てた空き家や、雑草がのびた空き地が点在し、まるで

渡辺保史(わたなべ・やすし)

一九六五年北海道函館生まれ。八八年弘前大学人文学部人文学科卒業(西洋史学専攻)。八八年より九二年まで情報通信業界紙の記者として通信事業者や行政、メーカー等、ビジネスおよび政策、研究開発の現場を取材。九二年よりフリーランスのジャーナリストとして、メディアテクノロジーの変容と個人・社会の関係について取材記事や論考を各誌に寄稿。九六年に開始したウェブ上の実験プロジェクト「センソリウム」への参画を機に、情報デザイン分野の企画・制作活動にも携わり、これまで「智財創造ラボ」「SH-Mobileラボ」など、未来の知的コミュニティやモバイルメディアをテーマに実践型の研究活動をディレクションした。また、武蔵野美術大学、北海道教育大学、函館大学、岩手大学、徳島大学、京都造形芸術大学、創造学園大学などで非常勤講師を歴任。二〇〇八年四月より、科学技術の専門家と市民社会とを架橋

がん細胞のようにじわじわと市街地を侵食する勢いはとどまるところを知らないようだ。

かつて、ハコダテの街は函館山麓のこの地区から形成されはじめたが、観光客がそぞろ歩くキレイに整備された街区からワンブロック隣に移動すれば、都市の縮小という現実をいやおうなしに直視せざるを得ないのだ。JR函館駅前の、地元市民からは「大門《だいもん》」と呼ばれ親しまれてきた中心市街地も、往時の繁栄は見る影もなく、表通りから一歩入れば廃墟化した空き店舗や空き地だらけのさむざむとした光景を目の当たりにする。

一方、郊外の幹線道路沿いへと目を転じれば、消費社会研究者の三浦展氏が述べるところの「ファスト風土」、つまりはロードサイドショップが乱立する風景が広がり、日本有数の観光都市であるハコダテもまた、ほかの地方都市と同様に縮小化とファスト風土化という二つの流れのなかで、引き裂かれつつあることを再認識することになる。

また、目に見える縮小を裏づけるように、数字は厳しい現実を裏づける。二〇〇六年、函館市は二九万人の人口に対し、一パーセント強の三五〇〇人の減少という、史上最も大きな人口減少を経験し、さらに二〇〇七年はほぼ同程度の人口減少となった。この減少は自然減ではなく社会減によって引き起こされ、雇用環境のよい首都圏や中京圏などへの人口流出が進んでいる。二〇三〇年には、現在二九万人の人口が一七万人まで減少するという予測もある。

縮小都市ハコダテに生まれ育ち、今も暮らす立場として、このまちから何を発信できるのか。以下の小論では、私自身の問題意識を披瀝しつつ、ハコダテで進めている「コミュニティウェア」をつくる実践について紹介していきたい。

する人材を育成する教育機関・北海道大学科学技術コミュニケーター養成ユニット（CoSTEP）の特任准教授に就任。家族の居住する函館では、市民からの都市再生を構想する活動団体「ｎｐｏ－ｋｏｂｏ」を立ち上げ、代表理事を務める。著書は『はじめてナットク！マルチメディア』（講談社ブルーバックス）『情報デザイン入門』（平凡社新書）『現代デザイン事典』（監修・共著）ほか多数。

●ハコダテの旧市街に増え続けている空き家や空き地

コミュニティウェア

都市の縮小と郊外のファスト風土化、同時進行しているこうした事態のなかで、私たち地方都市の居住者はさまざまなものを失ってしまった。とりわけ、フィジカルな都市そのものの衰退以上に、社会的なインタラクションの場としての「コミュニティ」の変質や崩壊がそこかしこで散見されることは、ここで強調しておかねばならない。しかし、ただ単にこれを嘆き、批判するだけでは、なんの解決にもならないだろう。

今、私たちに問われているのは、コミュニティのリデザインである。だが、都市の縮小化や郊外化によって失われた地縁的なコミュニティを、単純に懐旧的に復活させることは、もはや望むべくもない。だとすれば、多様な人々の知恵を寄せ集め、組み換え、そこから新しい価値を生み出していくような、新しいタイプのコミュニティを創造していくべきだろう。

都市や社会の縮小が不可避の事態なのだとすれば、今まで以上の活発なコミュニケーションによって知恵の「つながり」をつくりながら、持続可能なかたちで社会をデザインしていくほかない。社会全体を見渡せば、ネット上に展開されてきたLinuxに代表されるオープンソースソフトウェアの開発コミュニティに象徴されるように、これまでのような明確な構造や実体をもつ組織ではなく、まさにコミュニティこそが問題解決や創造の基盤として着目されるようになったという経緯もある。

これまで、コミュニティの訳語としてあてられた均質的な集団としての「共同体」ではなく、「共異体」とでもいうような、ダイナミックで相互触発的な場をデザインすること。それが縮小都市に暮らす私たちに課せられた大きなテーマになっているのだ。縮小都市から新たなコミュニティウェアを発信することができれば、それはこれ

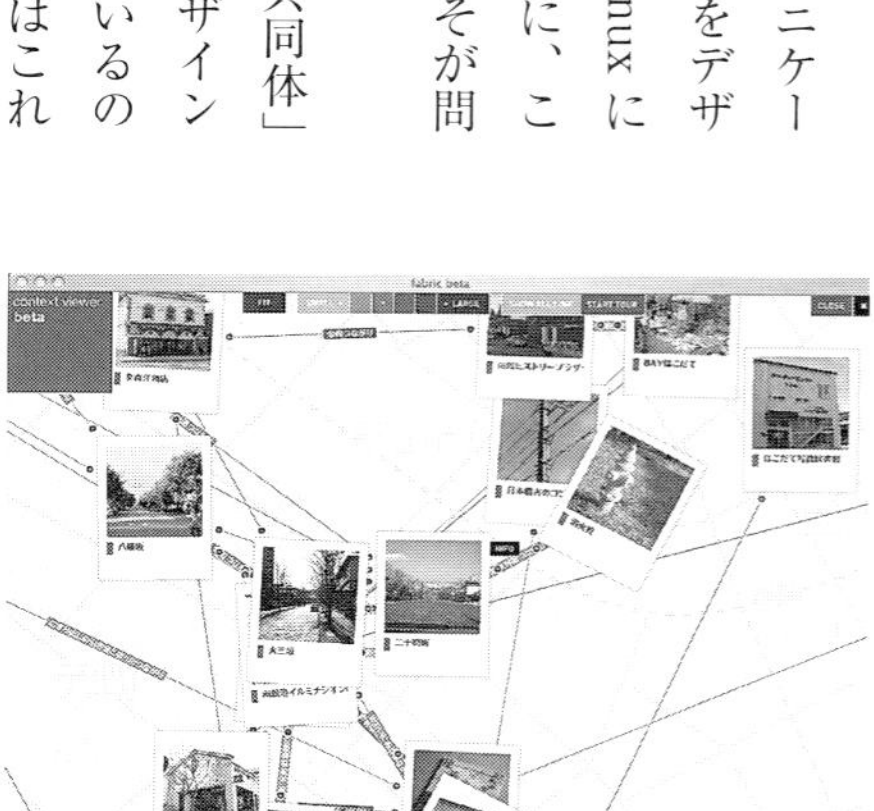

●「ハコダテ・スローマップ」のウェブサイトに実装した情報視覚化インターフェイス「ContextViewer」

から本格的な縮小に突入する日本社会全体へのメッセージになりうるかもしれない。

しかしながら、ただ単に人が集まり、そこで知恵を交換すればコミュニティが生まれるわけではない。コミュニティは明確にデザインすべき対象であり、そのためには手法や道具が必要だ。また、それらの手法・道具は、従来のまちづくりやビジネス、デザイン、アカデミズム、教育などさまざまな分野で培われ、定着していたが、今やジャンルを超えたかたちでそれらの知見を掘り起こして再編集し、さまざまなコミュニティに適用可能な汎用の道具としてとらえ、使い込んでいくことが求められると、私は考える。

私自身はこうした道具・方法のことを「コミュニティウェア」と呼び、地域内外の人々との協働的な実践と考察のなかでそのあり方を検討してきた。

実験都市・ハコダテ

これまで、私自身がかかわったハコダテでのコミュニティウェアの実践としては、次のようなものがある。

1. オンライングループ「node0138」の構築(二〇〇〇〜〇三年)
多様な人々が出会い、参加する、知恵のネットワーキング。
2. カフェでのトークライブとそのインターネット中継(二〇〇〇〜〇二年)
地域の内外の知見をつなぐオフラインの場づくり。
3. 音を探索する地域フィールドワーク「サウンドバム@ハコダテ」(二〇〇一年)
五感を駆使してまちを歩く行為を復権する試み。
4. 環境・文化をテーマに市民参加で地図を制作する「ハコダテ・スローマップ」

（二〇〇二年より継続中）

世界共通のピクトグラムを用いた、地域の可能性と課題のマッピング。

5．地域デジタルアーカイブ調査研究事業「Hakodadigital」（二〇〇二年より継続中）

地域に眠るさまざまな文化資源をデジタル化し、共有・活用するプロジェクト。

6．都市再生ワークショップ「ハコダテ・スミカプロジェクト」（二〇〇四年）

異分野・異世代の市民による、「未来」のシナリオメイキング。

7．「トラヴェリング・バーカウンター・プロジェクト」（二〇〇五年、慶應義塾大学SFC・田中浩也研究室への協力）

さまざまな分野の知見を再編集・再構成

当初は、オンラインとオフラインにまたがる一種の「ミーティングプレイス」づくりから始まり、より参加や体験を深めながら、知見を共有し、さらに新しい価値創造を目指したプログラムへと派生している。このように図式的に整理すると、いかにも計画的で戦略的に思われるかもしれないが、実態としては手探りの悪戦苦闘の連続であり、今もその苦闘は続いている。そして、縮小都市ハコダテはこれらのプロジェクトにかかわる自分たちにとっては、一種の「実験都市」と位置づけていた。

さて、これら一連の活動に埋め込まれたコミュニティウェアは、地図のような静的な情報デザインから身体性に重きを置くワークショップの手法まで、さまざまな領域に潜在する知見の、私たちなりの「編集」によって構成されている。

一例をあげると、6の「ハコダテ・スミカプロジェクト」は、国の都市再生モデル調査の一環として函館市と民間の実行委員会が実施した事業である。歴史的な街並み

●二〇〇四年二月に実施した都市再生ワークショップ「ハコダテ・スミカプロジェクト」

●慶應義塾大学・田中浩也研究室による「トラヴェリング・バーカウンター・プロジェクト」の実験風景

が残る西部地区の再生プランを、異分野・異世代の人々のグループワークのなかで編み出していくものだったが、ここで再生プランをつくるために採り入れた手法は、ウェブサイトなどの情報デザインの際に導入されて効果を上げている「ペルソナ／シナリオ法」を子どもを含む一般市民が参加しやすいようにブレイクダウンしたものだ。

このように、ある特定の領域で培われた手法や道具を、別の領域に転用したり、カスタマイズすることによって、コミュニティにおける知恵の共有や創造を手助けしていくこと。それを促進するのが、コミュニティウェアという道具というわけである。

人々の知恵をつなぎ直す

以上のような実践で得た知見をより深め、これからは「実験」ではなく「定着」させていくために、二〇〇七年度から私は仲間たちとともに「ｎｐｏ－ｋｏｂｏ」（エヌピーオー・コウボ）という活動体を立ち上げた。

ｋｏｂｏには、「酵母」や「公募」あるいは「工房」といった意味を重ね合わせ、コミュニティから知恵を引き出し、つなぎ直し、それをコミュニティウェアとしてデザインし、ひいては縮小都市の再生に生かしていくことをもくろんでいる。まだ法人格も取得していないし、会員数も五〇名に満たない小さなコミュニティだが、ハコダテ発のクリエーティブ系の事業型ＮＰＯを目指そうと構想だけは気宇壮大だ。手がけているプロジェクトはどれも、単独での遂行ではなく、地域内外の企業、大学、ＮＰＯ、公的機関との異分野コラボレーションが前提だ。これは、自分たちのコミュニティが小さく弱体だからという理由もあるが、互いの得意分野やリソースをうまく融合して相乗効果を発揮したい、というのが最大の要因だ。

●筆者が代表を務める活動体「npo-kobo」のロゴマーク

初年度の事業としては、トークライブやワークショップ、展示会などの参加型プログラムを通して、まずはハコダテが直面している縮小という現実を直視し、そこから再生のためのアイデアを醸成することを目指した。トークライブでは、デザイナーや建築家、社会起業家、都市社会学者、現代美術のディレクターといった地域外からのゲストとともに、さまざまな問題を討議した。たとえば、二〇〇七年九月のトークライブは、都市社会学者の加藤文俊さん（慶應義塾大学環境情報学部准教授）が研究室の学生たち約二〇人と函館のフィールドワークに訪れた機会に合わせて実施。まちの風景や人々の暮らしを旅人の目線からとらえ、それをさまざまなメディアづくりの実践を通して生み出したアウトプットを「置き土産」としてまちに還元するという加藤さんたちのアプローチは、地元の参加者にも大きな刺激をもたらした。学生たちとトークライブ参加者との歓談は深夜まで続き、その後、彼らのフィールドワークの成果は、函館市内を走る路面電車に掲出する「中吊りギャラリー」として、二週間市内を走った。

二〇〇七年一一月二三日から三日間、大正末期に創建された古い百貨店の再生活用施設である函館市内の地域交流まちづくりセンターで開催した展覧会「縮小の未来展」では、縮小する都市ハコダテの過去から未来を展望するため、硬軟取りまぜた数多くのプログラムを展開した。デジタルアーカイブによる古い街並みの写真や地図の展示、それら古写真を手がかりとした当時の記憶を引き出すワークショップ、ドイツの「Shrinking Cities」プロジェクトによる縮小都市の調査成果の紹介、縮小をめぐって地域内外の人々から寄せられたメッセージボード、函館に関するさまざまな映像作品の上映、さらには小学生から大学生まで若い世代が函館の再生について熱く討議するトークセッションまで、トータルで一二三〇〇人を超す来場者を記録した。会場内では、

● npo-kobo 主催の展覧会「縮小の未来展」ポスター

地元のフリーライターや学生が同時に展開されるプログラムの内容を現場で取材、編集した新聞を発行したり、ブログを更新するというリアルタイムの情報発信も試みた。

活動二年目を迎えたｎｐｏ－ｋｏｂｏは、現在、地元ケーブルテレビ局や東京のネットベンチャーとの協働による新しい地域ポータルサイトの構築や、「市場の復権」をコンセプトとした地域価値の交換や共有のための参加型イベントの開催など、新しい事業の企画と準備を進めているところだ。これらの内容については、ぜひウェブログ(http://nextdeign.cocolog-nifty.com/npokobo/)をご覧いただきたい。

誰もかつて経験したことのない都市や社会の「縮小」も、人の知恵のつながりが今まで以上にパワーを発揮するなら、恐れることはない。コミュニティウェアは、縮みいくまちで賢くサヴァイブしていくために不可欠の道具なのだ——函館の実践は、そうした未来へのメッセージであり続けたいと思っている。

最高齢は九五歳

音声アーカイブの可能性を探る

街嫌いは誰のせい？

●「縮小の未来展」の会場に使用した函館市地域交流まちづくりセンター（旧今井呉服店函館店）
●小学生から大学生までの若い世代による函館再生をテーマにしたトークセッション
●展覧会場で取材・制作・配布した新聞『時刊・十字街』

13

団地再生からまちづくりまで

竹内昌義 Masayoshi Takeuchi

先日、ある大学院の建築の課題を講評する会に参加した。それはある市のなかで敷地を選び、そこでの問題点を発見し、それを解決する方法をソフトではなく、建築というハードで答えるという課題だった。建築科の学生は、決められた敷地、ある一定の条件のもとで建物のかたちを考えることには慣れている。ところがある問題点を発見して、その対策を考えるという都市計画的な視点はあまり持ち合わせていない。多くの学生は問題発見のプロセスでつまずき、取り組むべき対策の内容まで吟味できないまま、かたちをつくることに終始してしまっていた。見た目にはかっこいいのだが、どうもかたちに必然性がないので今ひとつおもしろくない。また、それぞれのプロ

竹内昌義（たけうち・まさよし）

一九六二年神奈川県生まれ。建築家。九五年みかんぐみを共同設立。二〇〇五年愛・地球博「トヨタグループ館」をはじめ、さまざまな建築プロジェクトに携わる。東北芸術工科大学建築・環境デザイン学科教授。山形で、まちにある蔵を再利用する蔵プロジェクトを学生や市民グループとともに進行中。また、セントラルイーストトウキョウのディレクターとしても活動。著書に『団地再生計画／みかんぐみのリノベーションカタログ』（共著、INAX出版、二〇〇一年）がある。

ジェクトの規模が大きすぎる。これだけのことをやると、どのくらいの時間と金が動くかという経済的なこと、そのこと自体が社会にとってどのような意味を持つかという社会的なことには考えがめぐっていないようだ。リアルな建物の設計の場合、予算の範囲内で建設できるかできないかは重要な問題だ。だが、大学での課題では学生の自由な発想を促すために、この点はあまり問われない。だから、経済的な配慮がなくなってもしようがないのかもしれない。

でも、実際の都市を扱う場合には、そこで行うプロジェクトの規模とコストパフォーマンスのバランスは重要な問題だ。大規模なプロジェクトには大きな予算が求められる。どのくらいでバランスがとれるのかは、実際の再開発などのプロジェクトを参照すれば、予想することはさほど難しくない。一方、小規模なものは、経済的制約からは自由になれるが、影響力も限定的だ。建築規模や新築か改築かという方法のどこを狙うか、アイデアの切り口をどうするかというセンスの善し悪しも問われる。この課題での学生の案のほとんどは新築のプロジェクトだった。新築は大げさになりがちで、やはり、採算性が問題になる。新築以外の都市のコンテクストを丁寧に読んだリノベーションや都市のすき間に小規模な装置を埋め込むようなものがあるべきだと思った。

さてそうはいうものの学生の課題はともかく、現実の社会はどうだろうか。人口縮小の時代を迎え、さまざまな都市計画の方向性を変えなければいけないが、どうもそれがうまくいっているようには見えない。右肩上がりの経済成長は既に終わっていることを認識していたとしても、縮小する社会への対応ができていない。

また、いまだに過去の成功体験に基づいて、誤った方向に向かっている例も多いように思う。たとえば、高度経済成長時代に中心部の機能を拡散させた都市。その多くは庁舎や公民館などの公共建築を郊外に移転し、ニュータウンを造成した。近年、中心市街地の空洞化が問題となっているにもかかわらず、その政策は見直されていない。役所の縦割り行政のせいなのだろうか。私には単純に行政や都市計画家の思考停止に見える。中心市街地をコンパクトに戻す努力をすべきではないだろうか。

中心市街地の問題はよく駐車場の問題だといわれる。でも単純にそれだけの問題ではない。駐車場がないから人が来ないのではなく、郊外にクルマで行ける大きなショッピングセンターができてしまったから人が来ないのだ。そこで慌ててショッピングセンターと同じような条件をそろえようとしても無理がある。大資本のショッピングセンターと同じ魅力を中心地につくることは意味がない。もっと違う価値観で勝負すべきである。いっそのことクルマを利用しない人をターゲットにするまちをつくるとか、まったく違った目標をもつべきだ。これからは高齢化が進み、都市の中心部で「歩いて暮らせる」ということは、価値になりうる。また、老舗がもっているブランド力も活用すべきだ。無理な目標に向かって無理矢理進めて挫折すれば、それだけ消耗する。都市の文脈を丁寧に読み、いったんそれを受け入れ、そしてそれを鍼灸師がツボを刺激するように、ピンポイントで効果的なことを行うことが必要なのだ。

今まで、私が経験してきた都市とのかかわりの例をいくつか挙げて、説明しよう。

団地再生計画／みかんぐみのリノベーションカタログ

みかんぐみが手がけた『団地再生計画』[*1]は、古い団地を壊さず、再利用することを前提に、さまざまな水準のアイデアからなるカタログである。一見、荒唐無稽な素人っぽい楽しいアイデアが並んでいる。でも、この楽しさが大事で、「自分だったらこれができるかもしれない」といった新しい発想のヒントになる。私たちは既存の団地が古いか

*1 共著、INAX出版、二〇〇一年

ら壊してもいいという乱暴な手法はとらない。私たちの世代にとって団地は物心ついたときには友達の家だったり、よく行った遊び場だったり、既に私たちの体験のなかでは、失いがたい記憶の一部になっている。それを根こそぎ壊すということは自己の記憶の否定にもつながりかねない。単にものとして「モッタイナイ」というレベルを超えている。この本は建築の専門家だけではなく、一般の方が読んでくださっている。「団地に対して、新しい見方をできるようになった」とか、「昔から団地が好きだったので、こういう本が出るとうれしい」、そういった意見は既存のものに敬意を払わない都市や建築の専門家よりもよほどデリカシーがあるように思う。

蔵プロジェクト2003—2007

私が勤めている東北芸術工科大学のある山形市には蔵が多く残っている。倉庫として使われていた荷蔵や客間として使われていた座敷蔵などさまざまな形式の古い蔵を使って何かしようと考えて、数人の教員、学生、市民グループの方々と活動を始めた。当初は蔵を単にカフェにしたいという単純な思いだった。蔵の利活用を卒業論文のテーマにしていた学生が、提案としてカフェの図面を描き、模型をつくり、提案を考えていたが、それだけでは今一つリアリティがない。それだったら、実際にやってみたらどうなるか、と一軒の蔵主を訪れることから始まった。実際始めてみると、建築のハードよりソフトが大変なことがわかる。たとえば、カフェとして始めるためには保健所との折衝、誰がどのように、どのくらい働くかといった人の配置のこと、イベントを行うときの近隣との関係など、次から次へといろいろな問題が噴出する。まず、動いてみないことには何も始まらない。でも、動くことでいろいろと学べるのも事実である。

●ギャラリー絵遊と蔵ダイマス。右にある古い蔵を改修し、手前に新しいギャラリーを新設した。

●市民のかかわり

このプロジェクトは学生だけで始めて、クラブ活動みたいになるのは避けたかった。また、単位だけをとりにきて、責任を引き受けない学生と活動するのもいやだったので、最初から授業の対象にもしなかった。学校のカリキュラムにのらない集まりで、実行委員会と名づけた。その結果、蔵主をはじめ、喫茶店や画廊のオーナーや市民の蔵に興味のある人たち(通称まちづくラー)など、いろいろな方々に助けていただけた。やはり、社会人のネットワークは学生のそれとは比較にならないほど広範だ。そういった人間関係のなかで、学生たちは育っていく。

●マスコミとの連携

地方都市の特徴だろうか、マスコミも身近な存在である。連絡をするとすぐに取材に来てくれるので、私たちの情報も一般の人にも伝わりやすい。ここから新たな人間関係が生まれることもある。ほとんどのテレビ番組は全国ネットで東京中心の情報があふれ返っているが、意外とローカルな番組も根強く人気がある。学生たちは当たり前の出来事のように、取材に応じて、テレビやラジオに出演して情報を発信していた。情報の地産地消ともいえる。

●リノベーションの可能性と少ない初期投資

始めたときに無理をしなかったことがよかったと思う。蔵の最低限の改修費はオーナーにお願いしたが、私たちの持ち出しは数十万円ほどで、それもカフェの利益ですぐに穴埋めできた。もちろん、スタッフは無償だ。でも、学生だからそうだというわけではなく、一般の市民も同じだ。常に思うが、人は金だけで動くわけではない。きっかけや動機は違うが、ある目標があればそれに向かってコラボレーションすることができる。だからこそ、そのプロジェクト自体の魅力を常に試されることとなる。

●空間の質を大事にする方法

丁寧に掃除され、大事にされたものや空間はそれだけで魅力的だ。反対に、おざなりに扱われたとか、この空間はどうでもいいと思われたりすると一気に緊張感がなくなり、何かが崩れはじめる。「既にあるものに敬意を払って新しいものをつくる」ことは、言葉でいうよりはるかに難しい。この部分のさじ加減については建築家の空間に対するリテラシーが高く求められる。

●とにかく、始める

始めたことでいろいろ問題が出てくるが、とても大切なのはとにかく始めてみることだ。思っているほどうまくはいかないが最初の状態ではまったく見えないことが多い。もっともエネルギーがいるのは始動することだ。また継続することは非常に大切だ。ただ、同じ状態で継続するのはかえって無理がある。メンバーや人数の変更に合わせてすこしずつ修正がいる。特にオーバーワークを長く続けないことが求められる[*2]。

セントラルイーストトウキョウ

もう一つ、私が継続的にかかわっている都市的なプロジェクトがある。こちらはグラフィックデザイナーの佐藤直樹さんがプロデューサーとなり、実際に動かしているディレクターに馬場正尊さん（事例8参照）やフリーのキュレーターらがともに活動をしている。ものづくりにかかわる私たちの視点で見ると、東京の中央区馬喰町などの問屋街はとてもおもしろい。流通の変化で問屋街は元気がないが、さまざまなポテンシャルをもっていて、そこで何かを始めたくなる。当初、私たちはこのエリアを東京の東だと思い、イーストと呼んでいたが、地元からは中央（セントラル）だと反論

*2　ここではポイントごとに書いたが、具体的な内容は『脱ファスト風土宣言』（三浦展編著、洋泉社、二〇〇六年）の第7章で経時的に書いているので、参照のこと。

され、両方を使って活動名としている。

活動を始めた二〇〇三年ごろは、大型のオフィスプロジェクトが多く供給され、古いオフィス街の賃料が住宅のそれを下回るといういわゆる二〇〇三年問題が取り沙汰されていた。また、問屋を廃業した空きビルが多数あった。もちろん、街の人はその状況をなんとかしたいと思っていたがどうにもならない。東京の中心にありながら、地方の中心市街地と抱えている問題は同じであった。

一方、私たちの周りには才能がありながら、作品を発表できずにいるアーティストやデザイナーが大勢いる。ギャラリーの賃料はそれなりに高い。そこで、空いているビルをある期間無料で借り、そこへ若いアーティストを呼び、いくつものギャラリーにするプロジェクトを立ち上げた。アーティストと街を巡り、どこに展示するかを決める。街全体がギャラリーだ。学生を中心としたボランティアチームがつくられ、アーティストとビルのオーナーを仲立ちした。

何年かにわたって同じような活動を続けた。そのなかで、東京の地図の読み方を変えようとテーマを掲げ、『東京R計画 Remapping-TOKYO』*3という本をつくった。取り壊される前のオフィスビルを会場にしたこともある。建築のプロポーザルも行ったりした。かかわる人たちが多岐にわたるので、ある一面では評価されにくいが、さまざまなかたちで継続してきた。

私たちの大きなモチベーションは、デザインやアートの力で街が変えられるかという点につきる。すごく単純だが、ニューヨークのソーホーやダンボのような空間を東京でつくってみたい。そういう自分たちがおもしろいと思えるまちが、できたらさぞ楽しいだろう。近年、家賃が安いので、それに気がついたアーティストやクリエーター、建築家がこの街に集まりはじめている。私たちはそういう状況に合わせ、定期的

● CET2007 メイン会場エントランス。

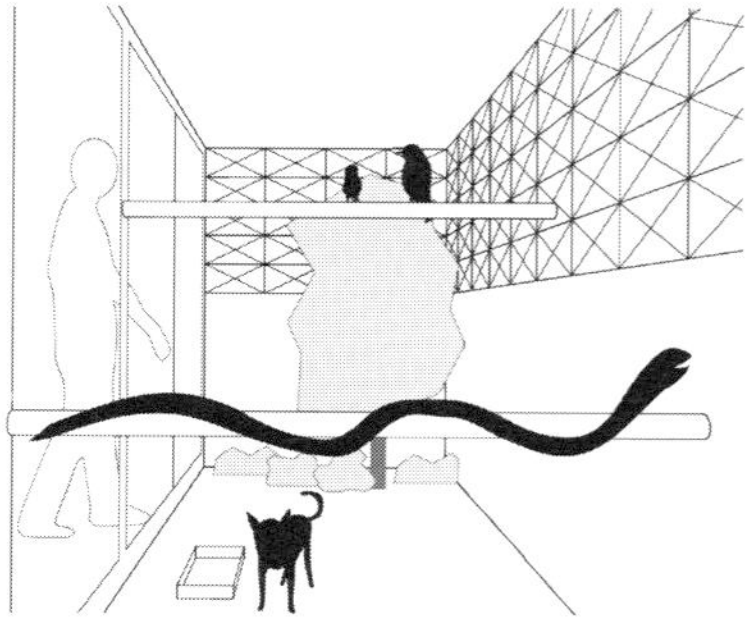

*3 晶文社、二〇〇四年

に知を伝達できる場所をつくろうと考えている。一方、イベントとしては二〇〇七年一一月下旬から一二月初旬にかけて日本橋から馬喰町に至るあるルートで路上のナイトギャラリーを開催した。

さて、この活動での私の役割は建築家として空間をどうするかだけではなく、問屋のさまざまな潜在的力をどう活用するか、である。興味深いのは、問屋のもっている商品の知識やつくり方のノウハウである。

アーティストと一緒に、彼のつくる紋様を使って、手ぬぐいやゆかたをつくる企画を立ち上げた。実際にサンプルまでは製作できたが、量産となると難しい。パテントやフィーの問題など解決すべき問題は多々あることがわかった。こういうトライアル・アンド・エラーは、簡単に実を結ばない。一見無駄には見えるけれども、都市や社会にかかわるリテラシーの一部として、流通に関係することを知ることができたことは意味があったと思う。建築をつくるときに、フィジカルな条件は大事だが、それを超えた社会的な背景を理解することで見えてくることもある。

最後に

縮小する都市に対して、建築家は、建物のことだけではなく、都市の置かれている問題、その背景までかかわるべきだと思う。都市である出来事が発生するためには、必ずフィジカルな場所が必要になる。大きかろうが小さかろうが、ある場所があってはじめて、物事が起こっていく。建築家はそういう場所にかかわることのできる数少ない職業の一つだ。そこで、どのような切り口で、どのように最適解を探すかが求められている。

14

アーバン・ダイナミクス

山代 悟 Satoru Yamashiro
＋
日高 仁 Jin Hidaka

アーバン・ダイナミクス・ラボラトリーの設立

われわれは、一九九三年からメディア技術を使った空間表現を行うユニット、Responsive Environment [*1]（以下、ＲＥ）の活動を行ってきた。この活動はコンピュータや映像を用いた、いわゆるメディアアートと呼ばれる分野でのインスタレーション作品やそうした技術を既存の建築空間に応用したもののように、次第にアート作品のスケールから建築空間のスケールへと発展してきた。その後、この活動を都市デザインの領域で発展させたいとの考えから、二〇〇五年に urban dynamics

山代 悟（やましろ・さとる）

日高 仁（ひだか・じん）

山代悟は一九六九年島根県生まれ。現在東京大学大学院工学系研究科助教、ビルディングランドスケープを共同主宰。日高仁は一九七一年年広島県生まれ。現在東京大学大学院新領域創成科学研究科助教、スローメディア主宰。一九九三年東京大学大学院生時代に、Responsive Environment を共同主宰。それぞれ槇総合計画事務所（山代）、磯崎新アトリエ（日高）に勤務したのち、自らの設計事務所を設立。二〇〇五年には urban dynamics laboratory を共同で設立。

laboratory [*2]（以下、udl）を立ち上げ、メディア時代の都市デザインのあり方について、研究と実践を行っている。

このように、われわれが次第に規模を拡張し、最終的に都市空間のスケールで作品をつくりたいと考えるようになったのは、日常の一場面として多くの人々に作品を体験してほしいと考えたからである。さらに、建築・都市をより美しく祝祭性のあるものとして演出すること自体が、物理的な空間をデザインすることと同様な重要性をもつと考えている。われわれの興味は、こうした建築・都市の演出において、メディア技術がどのような役割を果たすことができるだろうかという課題にある。

メディア技術と環境デザイン

一九六〇年代後半から七〇年代中ごろまで、建築・都市デザインとメディア技術との融合の可能性が大きく論じられた歴史がある。議論は六〇年代初頭のメタボリズムの創成期までさかのぼるが、最終的には大阪万博という国家的実験プロジェクトにおける実践の機会とともに最盛期を迎え、その後、日本経済の高まりとともに消化不良の感を残しながらも影を潜めてしまった。この議論の主な担い手は磯崎新であった。磯崎は建築＝都市＝環境と読み替え、メディア技術（当時はサイバネティックスと呼んでいた）による環境の制御と演出の可能性を論じた。技術的な実践を伴わないとなかなか実のある議論にならないこの分野で、万博のお祭り広場をはじめとする実作品とともに論じることができた磯崎は、やはりもっとも着目すべき存在だといえるだろう。その趣旨は、ほとんど宣言文のかたちで「ソフトアーキテクチュア／応答場としての環境」に記されている。われわれがこの記録に出会ったのは、ＲＥの活動を開始

*1 Responsive Environment。一九九三年に設立。メディア技術を用いたインスタレーションやパフォーマンスを発表している。二〇〇一年と二〇〇四年にはオーストリアやスロヴェニアへのツアーを実施、二〇〇五年には北京での展覧会に参加するなど、国内外で活動を行っている。現在のコアメンバーは山代悟、日高仁、西澤高男、河内一泰、亀井寛之の五名。http://www.responsiveenvironment.com

*2 urban dynamics laboratory http://www.urban-dynamics.com

●伽藍堂
二〇〇四年スロヴェニア・マリボイのユースセンターの木造倉庫を利用したギャラリーで初演。メッシュスクリーンでつくり出した一七×四・五メートル、高さ一・八メートルの箱に両端に配置した二つのビデオプロジェクターで映像を投影し、映像によるボリュームをつくり出した。

してかなりの時を経てからであった。二〇〇二年五月より八月までドイツ・カールスルーエのメディアセンター、ZKMで行われた展覧会「Iconoclash」のために、磯崎新のインスタレーション作品「エレクトリック・ラビリンス」の再制作を日高が依頼されて行った。当時の資料として七二年の『建築文化』を紐解いたとき、副題にResponsive Environmentという、われわれのユニット名と同じ言葉を見つけたときはそのあまりの偶然に驚きを禁じえなかった。不思議な縁である。

（前略）建築がすくなくともその概念的な固着化をゆるめ、視覚的にも解体現象を起こすことは当然ながら予想される。たとえば美術館という一つの館の実在はあっても、これが含む活動は全都市的にひろがってゆくし、そのひろがりは建築が都市のなかの一つの固定部分から、全都市を活動としておおうものになってゆく。また、データ通信網が都市内外で整備されることによって、いっそう解体現象を促進している。つまり、建築はソフトウェアを含むことによって、不可視の部分の占める割合が増大し、さまざまな新しい環境を決定づけるメディアによって、活動が遂行されるものになる。さらに全都市的に活動が拡散していくことによって、都市と一体化し、都市内に溶解してしまう。かくして、建築が都市となり、都市は建築そのものになるという言い方が可能になり、都市＝建築という環境を設計することが、大きい課題になってくることが予想されるのである。

（磯崎新「ソフトアーキテクチュア／応答場としての環境」『建築文化』一九七二年）

磯崎新のこの時期の論では、都市＝建築が環境へと読み替えられ、メディア技術によってそれらが制御・演出されるというコンセプトが基盤になっている。磯崎が

● SoftArchitecture@BankArt1929
横浜市の古い銀行の建物を槇文彦のデザインによって改装してつくられたギャラリー空間の演出。移動式の照明タワーと床置きのLED照明をギャラリーの外に配置し、窓を通して内部の空間を照らし出した。周囲の環境を変化させることで、ギャラリー空間を大きく変容させることを試みた。

七〇年に予言的に述べた世界は既にわれわれのそばにあるのではないかと感じる。

七〇年代には、実際のメディア技術がこうしたビジョンに対して立ち遅れており、影を潜めざるを得なかった「メディア—環境論」はその後、具体的な展開をあまり見せぬまま現代に至っている。インターネットに代表されるパソコンや携帯電話を端末とした情報インフラの整備は大幅に進歩したが、建築・都市のなかでどのように情報が空間に立ち現れてくるかという具体的な技術はそれほど発達していない状況にある。磯崎は「見えない都市」以降、自ら述べるように「都市からの撤退」を行った。しかし、われわれは見えない都市を見なければならず、実際に溶解した都市のシステムに対抗する具体的なアプリケーションを考案しなければならない世代である。

シドニー「Urban Island Project」ワークショップ／時間のデザイン

二〇〇六年八月一日から一二日の一二日間、われわれはシドニー大学で行われた国際都市・建築デザインワークショップに講師として招かれた。山代悟＋日高仁（urban dynamics laboratory／日本）、リサ・イワモト＋クレイグ・スコット（IS.Ar／アメリカ）、ハイメ・ルイヨン（JRA／コスタリカ）がそれぞれのスタジオを担当した。ワークショップの舞台となるコッカトー島は、オペラハウス横のフェリーターミナルから直線距離で四キロ弱、チャーター船では一〇分程度の至近距離に位置する。古くは刑務所、造船所があったが、現在は夏に数日間にわたる音楽祭が行われるほかはほとんど市民のアクセスはない。島の魅力は、産業遺跡ともいうべき巨大な造船所跡の廃工場とシドニー特有の美しい砂岩が露出した二〇メートルほどの台地状のランドスケープ、その上に点在する刑務所跡のいくつかの廃屋である。ワークショップはこの

●SoftArchitecture@東京カテドラル
丹下健三によってデザインされ一九六四年に竣工した教会の空間演出。コンピュータでコントロールされた七〇台のLED照明によって状況をダイナミックに変化させた。（写真提供／ナカサ・アンド・パートナーズ）

島を含むシドニー湾の七つのサイトの再生計画を担当するハーバー・トラストやシドニー大学のトム・ヘネガンの協力のもと、トム・リバード、オリビア・ハイド、ジョアン・ジャコビッチらによって主催された。

ワークショップ前半の個人プロジェクトのテーマは「島の中に魅力的な場所を発見し、そこでグループで食事を楽しめる空間と時間をデザインする」というものである。時間的な変化を伴ったデザインを意識するために、前半の成果物はビデオによる発表を条件とした。大きめな模型を制作しビデオに撮影する、あるいはデジタルカメラによるコマ撮りのスライドショーをつくることは、いまや初心者にも比較的容易となった。学生はすぐに要領をのみ込み、わずか数日の作業でかなり質の高いビデオプレゼンテーションが実現したのには、出題者であるわれわれも驚かされた。

後半は前半で各自が出したアイデアをふまえて、島に残るタービンホールと呼ばれる巨大な廃工場にインスタレーション作品を協働で実現する。午前中にブレインストーミング、午後に試作のための資材の買い出し、夕方にボートで島に渡り、夜は実際に廃工場でアイデアを試し、その効果を検証するということを何日か繰り返した。頭の中でイメージした空間をどうやって実現するか？　しかも、予算や作業時間の制約があるというきわめて実践的なワークショップである。通常、図面や模型で表現して終わっていたプロジェクトを、短期間で現実のものにする。連日、「空間実験」を繰り返す。机上で満足していたアイデアも、その夜の実験でほとんどすべてボツになり、そこから再度スタートするという試行錯誤は通常の大学教育では得にくい貴重なトレーニングであり、共同体験としてもとても楽しい。

われわれのグループは、最終的には古い工場の床に消火栓から水を撒き、一〇〇×二〇メートルの巨大な水面をつくり出した。水面の反射効果でもともと二五メートル

●第二次世界大戦中の島の全景。軍艦を造船し、島全体が一つの工場になっている。

●島の中には工場の廃屋や造船のためのドックが残されている。

の高さをもつ空間はさらに二倍の五〇メートルに広がり、そこに映り込む工場の外の景色や、水面に浮かべたキャンドルの明かりを眺めることのできるインスタレーションを実現した。このインスタレーションは最終的な仕込みはわずか数時間で終わるような極めて簡便な仕掛けであったが、その体験が人々に感動をもたらしたとすれば、それは毎晩続けられた実験と、そのフィードバックによる細部のつくり込みがもたらした結果であろう。人々はこの水面の上にしつらえられた小さな通路の上をめぐりな

●タービン工場の巨大な空間に、水面を出現させる。明かりと風景を映し込む。
撮影／Kota Arai
●キャンドルと数台のビデオプロジェクター、サウンドによる作品
撮影／Kota Arai

●インスタレーションを行ったタービン工場の跡地。高さ二五メートル、奥行き一〇〇メートルの巨大な空間

がら、改めて工場の空間の広がりや鉄骨のつくり出す風景を見回したり、次第に日が暮れていく島の風景の変化を楽しんでいた。この水面のインスタレーションを生かして、ここをレストランやカフェにしたらどうか、といった声も聞くこともできた。これはある状況を実際につくり出し、人々に経験してもらうことで引き出すことのできた意味ある言葉だといえるだろう。

　このワークショップで用いた技術はメディア技術と呼ぶ必要もないほど非常に素朴なものであったが、REの実践を通して試みてきた映像、照明、ロボティクス、音響などを用いることで空間の性格を短時間に、容易に大きく変化させることの鮮やかな実例の一つとなった。

たくさんの小さな矢印

このような小さなワークショップ、あるいはそこで実現されたささやかなアートプロジェクトは、この島の将来にとって、ひいてはシドニーの社会にとってどのような意味をもちうるのだろうか。これは言い換えると、建築・都市空間の演出がどのような価値をもちうるかという問いになる。

　都市計画という手法は七〇年代ごろにその破綻が論じられてからも、大きな転換を見いだせぬまま現在に至っている。成熟期、あるいは縮小の時期を迎える社会において、長期にわたる大規模な都市計画はますます現実味を欠いてしまうだけであろう。「大きな物語」としての都市計画の破綻が明らかなとき、小さなプロジェクトの集合としてアーバンデザインを考えるしかないのではないか。このことをわれわれは、シドニー大学で行った講演会「Responsive Environment, urban dynamics」において、

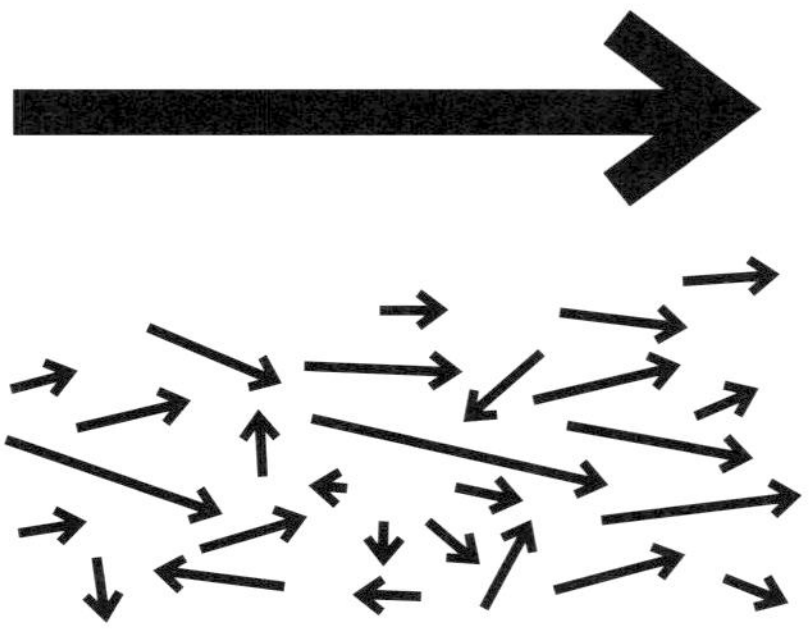
●大きな矢印と小さな矢印

「大きな矢印と小さな矢印」の比喩で表現した*4。これまでの都市計画が大きな一つの矢印だとするならば、これからのアーバンデザインは小さな矢印の集合である。小さな矢印はさまざまな方向に向いているが、全体としては緩やかに、ある方向へ向かう。矢印の向きの違いは各プロジェクトの方向性の違いを意味する。小さなプロジェクトを実験的に施行することで、プロジェクト相互の対話が生まれ、トライアル・アンド・エラーによるフィードバック効果が得られる。メディア技術を生かしたワークショップやアートプロジェクトはこれら小さな矢印の一つとして、あるいはその集合のゆるやかな方向性を考える場として機能するだろう。

都市デザインは、ともすると複雑でわかりにくく、長期的で、さまざまな職能や利害関係を含む大事業に膨らみやすいものだということを自覚すべきだ。だからこそ、小さなプロジェクトは、できるだけ「わかりやすく」かつ「身近にその効果が実感できる」ものとしなければならない。この点、議論形式のワークショップなどよりも実践的なイベントの有効性は高いといえるだろう。

シドニーのワークショップを経て、われわれは小さなプロジェクト、わかりやすく共同体験可能なプロジェクトが集積する都市デザインの可能性の一端を体感した。そして、こうした公共性のある都市を現象させるためのデザイン手法を、われわれは「アーバン・ダイナミクス」と名付け、具体的なプロジェクトを通じて都市デザインにかかわろうとしている。

*4 小嶋一浩＋赤松佳珠子／CAtの『CULTIVATE』（小嶋一浩＋赤松佳珠子／CAt、二〇〇七年、TOTO出版）にも「小さな矢印の群」というキーワードが「フルイド・ダイレクション」という概念とともに提示されている。小嶋らの「小さな矢印の群」はある空間のなかで同時的に存在する無数の流動的な状況を描いた概念であり、われわれがイメージしているものはより長いスパンで、もう少し広い範囲で起きる散発的なイベント群を主としてイメージしているところが異なるといえるだろう。直接的な参照関係にはないが、ある理想的な状況に向けて直線的に進むのではなく、さまざまな試行を繰り返しながら近づいていこうという考え方には大いに共感している。

写真クレジット／特記なきものは、urban dynamics laboratory

あとがき

東京計画をつくりたいと思って「ファイバーシティ」を始めたのだが、話が拡大して「縮小のデザイン」にまで発展してしまった。「サステナブル建築会議二〇〇五」で素案を発表してから三年、『新建築』誌に発表してから二年もたってしまったが、国内外のいろいろなところからお呼びがかかり、お話をさせていただいた。そして、幸いにも多くの人たちに関心をもっていただいた。

二〇〇八年一月に開催された「Hong Kong & Shenzhen Bi-city Biennale of Urbanism／Architecture」でも展示していただいた。同じく三月に「縮小のデザイン」の講義をしてほしいと依頼を受け、フロリダの大学に招かれていったのだが、都心ですら満足に続く歩道がないことや、明らかに太りすぎの人々であふれ返っていることに圧倒されて、とんでもない国だという印象をもって帰ってきた。私にとっては、これが三〇年ぶりのアメリカ体験であったが、以前はこんなことはなかったと思う。アメリカを見ていて、拡大や成長は人々に幸せをもたらさないことを肌身で感じた。こうしたことを素直に感じられるのも、ローマ時代の建築に比べて現代建築が進歩したとは考えないことが許される建築界にいることの恩恵だろうと改めて思うのである。

さて、各地で講演をするとそのあとに質問タイムがあるのだが、ＦＡＱ（よくある質問）の一つが、「『ファイバーシティ／東京二〇五〇』は首都圏を対象としていて、それは興味深いが、地方都市に対してどのような提案がありますか」というものである。問われるまでもなく「ファイバーシティ／○○市二〇五〇」が次の課題であることは間違いない。当然、○○には地方都市名が入る。恐らく鉄道インフラが充実している大都市圏では「東京二〇五〇」でいっているようにコンパクトシティのコンセプトが有効であるように思うが、総郊外化してしまっている地方都市ではどうだろうか。大都市でも、ほとんどの人は郊外に住んでいるのだから、実は、日本人はほとんど郊外に住んでいるといっても過言ではない。ところが、昨今は国を挙げて都心を盛り立てている。そう思うと、私のなかのあまのじゃくが頭をもたげてきて、拡散した居住形態のままで、なんとか持続の可能性を追求できないかと考える。それは現にあるものは否定しないというファイバーシティのコンセプトの発露でもある。

ということで、次のプロジェクトに向けての新たな作戦名は「郊外のてこ入れ」とした。「東京二〇五〇」のときと同じく、学生たちと一緒に知恵を絞っている。むやみに危機感をあおるつもりはないが、私は縮小問題もそれに対する対応も人類全体の問題だと思っている。だから、私たちが言い出したなどという「初登頂争い」は無益だと思っている。リナックスのように皆の知恵が結集するのが理想である。この本に収録されたトークインもそういうイベントにしたかったし、実際そういう興奮があった。この問題に関心をもっている方々に、この興奮を広く伝えたい、これがこの編集にあたった関係者の思いである。

果たして、会場の熱気は伝わったであろうか。もし、それが果たせないとすれば、その責はすべて編者である、私にある。

二〇〇八年六月

大野秀敏

記録 S×F@A2007
Shrinking Cities × fibercity@akihabara

縮小する都市に未来はあるか？

「Shrinking Cities × fibercity@akihabara 縮小する都市に未来はあるか？」と題する展覧会と連続トークイン、そしてシンポジウムの複合企画は、縮小を前提に都市戦略を考えはじめる日本でのキックオフイベントである。二一世紀の都市の縮小は、おもに人口構造の変化と環境問題によって引き起こされ、構造的かつ広範囲に及ぶ。先進諸国では少子化と高齢化が同時に進行し、日本でいえば、今後五〇年以内に人口は四〇〇〇万人近く減り、四割が高齢者になると予測されている。一方、環境問題も深刻で、先進諸国の多くの公的環境研究機関は二〇五〇年までに温室化ガスの排出を一九九〇年比五〇〜八〇パーセントの削減が必要であるとしている。人類史を大まかに見れば、人口も生産量も速度も、何

もかもが膨張、拡大、発展し続けてきた。それがついに縮小を考えなければならない事態になりつつある。依然として人口膨張し続けている地域もあるが、ひところ懸念されたように地球の人口が一〇〇億にいたるような事態は遠のき、多くの地域で人口縮小に見舞われる可能性のほうが大きくなっている。これまでの都市政策の関心事はもっぱら成長管理であったが、これからは縮小管理も重要な課題になる。会社でも都市でも発展期には、経営の舵取りを少々間違えても成長が補ってくれるのだが、縮小局面を乗り切るには知恵と計画が不可欠になる。日本の近代都市計画には縮小に取り組んだ経験がないだけでなく、そもそも将来ビジョンを描き、それにしたがって計画し経営するということをろくにしてこなかったし、いまだに誰もそれに取り組もうとしない。私たちが二〇五〇年を念頭に首都圏のあるべき都市形態を提案しようと思い立ったのも、こういう問題意識からである。縮小は避けたいが、対処法を知っていれば必要以上に恐れることもないし、場合によっては成長局面には解決できなかった都市問題を解決する好機にもなりうると、われわれは考えている。

　われわれが縮小問題に取り組みはじめたころ、ベルリンの建築家フィリップ・オスヴァルト氏も、大がかりな都市縮小現象の調査を行い、出版と展覧会をとおして問題を提起し、欧州各地で大きな反響を呼んでいた。ドイツは、出生率低下だけでなく、旧東ドイツからの人口流出が止まらず、日本以上に深刻な人口問題を抱える国である。離れた場所で同時に進行していた調査に基づいた問題提起と具体的提案とは相補うことができると確信し、そこから合同展へと発展した。

大野秀敏

シュリンキング・シティー縮小する都市

フィリップ・オスヴァルト（翻訳：藤野徹子＋真峰靖子＋森 正史）

この二〇〇〇年来、グローバルな規模で急速に都市化が進んでいます。一八〇〇年ごろは全世界の一〇億人の人口のうち二パーセントが都市に暮らしていましたが、二〇〇〇年には約六五億人にのぼる全人口のうち五〇パーセント近い数字になりました。さらに二〇五〇年には、全人口約八五億人のうち約七五パーセントが都市に暮らしているだろうとされています。しかし、すべての都市が成長するわけではありません。一九五〇年から二〇〇〇年までの間に、特に古くからの先進国のなかで、少なくとも一時的にでも明らかに人口が減少した大都市は全世界に三五〇以上あるのです。一九九〇年代には全世界の大都市の四分の一以上が縮小しました。今後数十年間は成長プロセスのほうが引き続き優勢だとしても、縮小する都市の数は常に増えていきます。ただ、この現象の終わりは予測可能で、二〇七〇年から二一〇〇年ごろには世界の人口が頂点に達し、広範囲にわたって都市化プロセスが終わりを告げるでしょう。そうすると成長プロセスと縮小プロセスのバランスがとれ、都市の縮小は、産業化が始まる以前にそうだったように、都市の正常な発展プロセスとなるでしょう。

しかし、これは発展した先進諸国の視点から今見るとなかなか想像しがたいことです。何世代にもわたって、私たちは多くの分野でほぼ常に成長を体験してきましたし、今までのところ全世界的に見て、成長プロセスのほうが支配的なのですから。しかし、成長する場所は地理的にますます偏り、既に縮小プロセスに転換しているところも多いのです。一連の国々ではもう都市人口の総数が減少しています。原油価格や原料価格が劇的に高騰し、人間が原因をつくって気候が温暖化していることを見ると、成長の限界を身をもって感じるところです。

こういった意味では、都市の発展を見れば根本的な時代の交替がはっきりと目に見え、時代が変遷していることがわかります。人類史上で考えれば、現代の成長時期は時間的には非常に限られた、三〇〇〇年にも満たない期間にすぎません。時代の終わりは数十年も前からその兆候を現しており、西洋および東洋の古くからの先進国では、その兆候は既に歴然としているのです。

「縮小」は——かつて「成長」がそうであったように、社会の

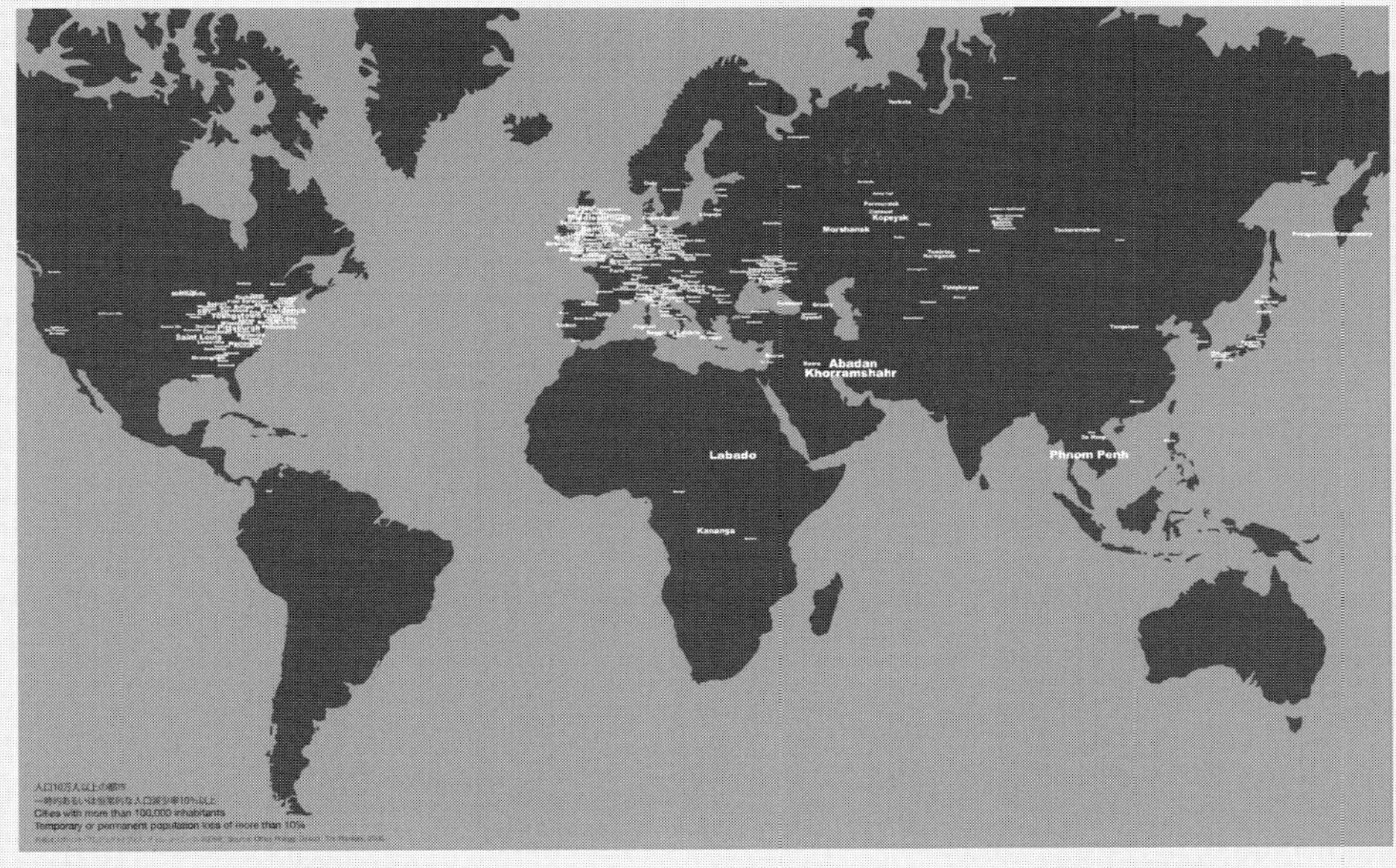

World Map of Shrinking Cities 1950－2000　　© Project Office Philipp Oswalt 2006

根底を揺るがすもので、理想像や行動モデルや実践のあり方を変化させながら、社会全体の方向転換を余儀なくさせます。都市縮小という現象の根底には、さまざまな変化のプロセスがあります。過去数十年に都市の縮小プロセスが集中して現れた古くからの先進国に関していえば、縮小の根本的な要因は郊外化、産業の空洞化、人口減少、ポスト社会主義への変化です。「シュリンキング・シティ（縮小する都市）・プロジェクト」ではこういったプロセス一つ一つに対し、それぞれのプロセスが特に顕著に現れ、まただからこそ分析や記録が可能な都市および都市周辺地域を、典型的な例として選びました。自動車産業都市であるデトロイト（アメリカ合衆国）は、都市の郊外化プロセスによって引き起こされた縮小の代表例です。繊維産業地域であるイヴァノヴォ（ロシア連邦）はポスト社会主義への変化による縮小の代表例であり、かつての産業地域マンチェスターとリバプール（イギリス）は産業の空洞化によって導かれた縮小の代表例です。これら三つのプロセスはすべて、四つ目の例のなかにも見られます。四つ目の都市は、ハレやライプツィヒ（ドイツ）です。また先ごろ、日本の函館が人口動態による縮小の例として本プロジェクトに新たに加わりました。

「シュリンキング・シティ——縮小する都市」はドイツの連邦文化財団主導のプロジェクトとして、フィリップ・オスヴァルト・プロジェクトオフィス、ライプツィヒ現代美術ギャラリー、デッサウ・バウハウス財団発行の「archplus」誌との協力により実施されています。なお、本書の出版に合わせて無料のデジタル出版物『シュリンキング・シティ：コンプリートワークス3日本（SHRINKINGCITIES Complete Works 3 Japan）』（published by Project Office Philipp Oswalt, Berlin 2007）が制作されました。詳細はウエブサイトを御覧下さい。www.shrinkingcities.com/digital.0.html

郊外化：デトロイト

人口減少：マイナス五一パーセント（一九五〇〜二〇〇四年）

アメリカ合衆国の中西部北に位置するデトロイトは二〇世紀の初めにアメリカの自動車生産の中心地となりました。クライスラー、フォード、ゼネラル・モーターズがこの街を正真正銘の自動車都市につくり上げたのです。テーラー主義によって生産は急激に近代化され、ヘンリー・フォードのベルトコンベヤー導入によって自動車産業は一九一三年から大量生産を始めました。デトロイトは未曾有の経済成長を遂げたのです。ここには世界初のアスファルト舗装道路があり、初の市内高速自動車道がありました。二〇年代には高層ビルやデパートや映画館が数多くつくられ、観客を五〇〇〇人収容できる映画館もできました。住民数は一九〇〇年から五〇年の間に二八万五七〇〇人から一八五万人に増加しました。

五〇年代以降、このブームタウンは郊外への移住現象の先駆者となりました。つまり、郊外がますます成長する一方で、インナーシティは縮小していったのです。デトロイトの郊外化の背景には、自動車社会の発展のほかに人種間の摩擦もありました。四〇年から六〇年の間に黒人の割合が住民全体の三分の一に増え、それにともないミドルクラスの白人は周辺地域へと移転しました。九八年には郊外に住む住民の七八パーセントが白人、都心部の住民の七九パーセントが黒人でした。インナーシティがますます貧しくなっていく一方で、大都市デトロイトの一一七の地方自治体の大多数が繁栄しており、その平均収入はインナーシティのほぼ二倍です。

アメリカ人の意識のなかでは、デトロイトは現代の大都市の失敗を象徴する街です。七八年から九八年の間に、デトロイトでは一〇万八〇〇〇件の建物が取り壊されましたが、新築や改築が許可されたのは九〇〇〇件にすぎません。何千もの住宅や建物、オフィス、映画館が空き物件となり、かつてのデパートはすべて閉店しました。歩道には雑草が生え、デトロイトにはまるでゴーストタウンのように見える通りが数多くあります。都心近くでも、一世帯用独立住宅が立ち並び、個々に警備されている敷地のあるところでは、郊外生活が都心部を占拠しています。都市計画による中心市街地再生の試みは都心部以外では効果がありませんでした。ここではむしろ土地の住民の発意や特徴的なアフロ・アメリカ文化が、都心部の価値の低下に積極的に対抗しています。テクノ音楽はまさにここで生まれたのです。

DETROIT
デトロイト都市圏周縁部に位置するクライスラー・テクノロジー・センターの建設現場と建物のファサード・モックアップ。
写真／ジョン・ガニス（1987）

デトロイト都市圏北方周縁部、市境より40kmのオリオン湖岸に位置するショッピングセンターおよび住宅よりなる複合開発建設地。
写真／ジョン・ガニス（2004）
提供／レボリューション・ギャラリー（ファーンデール）

産業空洞化：マンチェスター／リバプール

人口減少：マイナス四四・九パーセント　マンチェスター（一九三〇年〜二〇〇二年）
人口減少：マイナス四八・五パーセント　リヴァプール（一九三〇年〜二〇〇二年）

マンチェスターとリバプールはイギリスの北西部に位置し、六〇キロと離れていません。一九世紀の初め、両都市は産業化の始まりを象徴する街でした。マンチェスターは世界初の産業都市です。この二つの都市間にイギリス初の旅客鉄道が走り、一八五五年にはマンチェスター・リバプール運河が建設されましたが、両都市は昔からライバルでした。マンチェスターは世界貿易のまちとして、港のあるリバプールは地域の繊維工場の物流の拠点として、それぞれ突出した存在でした。のちに両都市ともサッカーチームをもち、独自の音楽シーンや独自の文化施設を有し、それぞれに存在感を誇示するようになりました。

地域の繊維産業の没落によって、マンチェスターとリバプールは五〇年以降、劇的に衰退の一途をたどりました。いわゆるコンテナ革命によって、運輸産業もまた深刻な危機に直面しました。三〇年ごろにはマンチェスターの人口は七六万六〇〇〇人、リバプールの人口は八五万七〇〇〇人でしたが、今ではその半分にしか満たない数です。極端な産業空洞化と郊外化は労働者の貧困を深刻化し、人口をますます減少させることになりました。九五年のマンチェスターの失業率は一八・九パーセント、現在は九・一パーセントです。これに対し、九〇年代半ばのリバプールでは、エバートンのような貧しい地区の失業率は四四パーセントでした。

八〇年代になって状況は大きく変化しました。イギリスの地方政治が新自由主義（ネオリベラリズム）の原則にそって再組織されたサッチャー時代、マンチェスターは新体制と協力する方向に進み、リバプールは対抗する方向へと進みました。その結果、都市縮小の指標——たとえば空き建物、貧困、破壊、犯罪——はそれ以前と変わらず、両都市で顕著に見られたにもかかわらず、マンチェスターはリバプールよりも早く危機から脱しました。両都市ともに市の中心地の再生に成功しましたが、成功をもたらしたものは空いた建物で発展した音楽と、ゲイや移民たちの文化で、両都市の名は地域を超えた文化の大都市として有名になりました。両市の行政はイメージチェンジのための潜在的機会を積極的にとらえ、官主体で民主主義的に管理されていた従来の計画プロセスに代わって、ＰＰＰ（官民協調事業）に力を注ぐようになりました。

古い産業からサービス産業への移行は、新しいポスト・フォード的労働形態を生み出しました。たとえば賃金が低く、不安定な労働条件のコールセンター産業の一時的なブームなどが一例です。社会の緊張が高まったことで、セキュリティのニーズも高まりました。新しい住宅団地は防犯機能を重視して設計され、既存の建物にはセキュリティ設備を十分に備えています。

都市の中心部が再生すると、外側の市街地区の危機的状況が進行し、失業率の上昇、貧困、空き家の増加といった現象が現れます。地域は対極化し、成功と失敗がまさに隣り合わせになっています。

MANCHESTER/LIVERPOOL

このエバートンのように、リバプール内の多数の地区で、廃墟と休閑地が特徴的に見られる。
写真／トム・ウッド（1993）
提供／トーマス・ザンダー・ギャラリー（ケルン）

リバプールおよびマンチェスターの中心市街地における文化振興施策にも関わらず、街の中心からほどない場所で、高空室率、人口減、失業といった問題が見られる。リバプール、スコットランド・ロード。
写真／トム・ウッド（1989）
提供／トーマス・ザンダー・ギャラリー（ケルン）

マンチェスターに限らず、周囲の小さな街でも1970年代から80年代にかけて脱工業化が進行した。ロッシュデールでは、90年代にヴァレーミルでショッピングセンターが建設された。
写真／ジョン・デービス（2003）
提供／ロッシュデール・アート・ギャラリー（マンチェスター）

マンチェスター近郊に位置するロイ・ミルという繊維工場の解体後、1980年半ばに住宅開発が行われた。
写真／ジョン・デービス（2003）
提供／ロッシュデール・アート・ギャラリー（マンチェスター）

ポスト社会主義：イヴァノヴォ

人口減少：マイナス六・八パーセント（一九九〇年〜二〇〇二年）

イヴァノヴォはモスクワの北東三〇〇キロに位置し、人口四四万七一〇〇人の都市で、同名の人口一一〇万人の州の首都です。一九世紀半ばから、この地域は口シアの繊維産業の中心へと発展しました。一九一七年から一八年のボルシェヴィキの政権掌握でイヴァノヴォは非常に重要な役割を果たし、レーニンがイヴァノヴォを「プロレタリアの第三の首都」と呼んだほどです。この都市の重要性は、二〇年代の終わりにつくられた数多くの構成主義の建築にも現れています。西ヨーロッパの大都市とは異なり、イヴァノヴォは二〇世紀に入っても都市の構造が村落的様相を残していました。今でもまちの中に伝統的な木造家屋が立ち並ぶところがありますが、これらの家には水道がなく平屋で、小さな庭がついています。五〇年代半ば以降、ソヴィエト連邦の至る所でそうだったように、ここにもプレハブ建築の大規模な住宅地ができました。

九〇年以降、単一構造の産業は命取りになりました。ソヴィエト連邦の終焉によって、イヴァノヴォ市は前代未聞の経済危機に陥りました。ウズベキスタン製のウールは手に入らなくなり、突然西ヨーロッパや遠くアジアの競合相手が現れたため、売上げは停滞。産業生産は八〇パーセント減少しました。二〇〇二年の平均所得額は月に四〇ユーロしかなく、出生数が大幅に減少する一方で、人々の平均寿命は明らかに低下しました。また、特に比較的よい教育を受けた若者たちが仕事を求めてイヴァノヴォを去りました。ここでは人々の移動性が制限されているため、経済の劇的状況にもかかわらず人口の減少度合はまだ緩やかです。さらに、深刻な住宅不足のため、空き住宅もありません。

世界市場に門戸を開き、資本主義へと移行したことで、イヴァノヴォでは技術化や近代的な分業化、そして国際関係が後退しました。機械は解体され、空港は閉鎖されました。多くの都市住民が自給自足のために郊外の小菜園や庭の土地を利用せざるを得なくなり、都市生活は農業の収穫のサイクルにリズムを合わせるようになりました。プレモダンとポスト産業化が実生活で重なり合い、新しいライフスタイルをつくっているのです。

産業の空洞化とともに文化生活や公共生活の中心だった工場はその機能を失い、それに代わる新しい構造が生まれることもありませんでした。工場労働が人々の日常生活を指導してきた近代的システムは、緊密な社会ネットワークを基盤とする個々の工夫とイニシアティブよるポスト近代的なパッチワーク構造にその座を譲ったのです。

IVANOVO

（左）イヴァノヴォ外縁部のスチョッカに位置するこれらの住棟は、ソビエト連邦時代に床躯体建設の段階で工事が止まっていた。1990 年代に、煉瓦を活用しつつ竣工した。写真／パ・プリンセン（2004）

（中）1979 年、パレチという小さな街で、ソヴィエト芸術家協会による大規模なアーティスト・レジデンスの建設が開始された。建設開始から 12 年後の 1990 年、資金不足により建屋は放棄された。写真／パ・プリンセン（2004）

（下右）イヴァノヴォでは、居住者による簡易な離れの付加により既存住宅が拡張されている。写真／エレナ＆ヴェラ・サモロドヴァ（2004）

（下左）イヴァノヴォ市内の公共空間は、非公式な商いと数多くの販売所にその特徴を見ることができる。写真／エレナ＆ヴェラ・サモロドヴァ（2004）

周辺化：ハレ／ライプツィヒ

人口減少：マイナス二五・四パーセント　ハレ（一九八九年〜二〇〇三年）
人口減少：マイナス一七・六パーセント　ライプツィヒ（一九八九年〜二〇〇三年）

ハレ／ライプツィヒ周辺の中部ドイツ地域はほぼ一半世紀前から赤キャベツの生産と化学産業を特色としてきました。ハレとライプツィヒの間は四〇キロ離れています。ハレの人口は二四万七七人で、一九世紀以降、特に産業都市として存在してきました。ライプツィヒには四九万六五三二人が居住し、どちらかといえば見本市開催地や貿易のまちとして成り立っています。

一九九〇年のドイツ再統一は東ドイツの人々に暴力的なまでに大きな転換をもたらしました。国有企業が民営化され、またその後閉鎖されるケースが相次ぎました。当時は、サービス産業にこそ未来があるといわれましたが、その際、価値創造を実現する企業に近いサービス業は産業基盤を必要とすることは見過ごされていました。今日ではドイツ東部の経済は欧州連合（EU）の平均的な成長率にすらも達していません。産業空洞化がハレ／ライプツィヒ地域に残したものは、失業率が二〇パーセントを超えるという現実です。ドイツ東部に何兆ユーロもの国の補助金が投入されたにもかかわらず、ドイツ東部の景気上昇は期待と異なり、いまだに実現していません。八九年当時に比べ、ハレの人口は七万人、ライプツィヒの人口は一〇万人減少しました。人口減少の原因は、九〇年代前半には第一に失業率の高さ、そしてドイツ西部や国外への人口移動でしたが、九〇年代後半には、特に郊外化や出生率の五〇パーセントもの低下が人口減少の原因でした。ドイツ東部への投資は税制上の特別控除措置を受け、自己所有住宅が奨励され、ショッピングセンターができ、比較的大きな企業が移転してきたことで、空き地に大面積の建物を建てる建築ブームが起こりました。縮小と成長がここでは直接隣り合わせにあり、都市の人口密度の低下は無計画な住宅地造成による周辺地域の破壊とともに進んでいます。

ハレでは、空き家の割合は全体の二〇パーセントです。今後数年のうちに大規模な建物の取り壊しが計画されており、とりわけ七〇年代のプレハブ住宅地区が対象になっています。この地域にあるビッターフェルト、ヴォルフェン、ヴァイセンフェルスといった比較的小さな単一産業都市の衰退はさらに深刻です。ライプツィヒは、同じように空き家の数が多くても、ドイツ統一の勝者と見られています。ライプツィヒは見本市開催都市としての位置を守り抜くことができたからです。

HALLE／LEIPZIG

このカールストラッセのように、ライプツィヒでは荒廃と再生が隣り合わせで進行していることがわかる。
写真／ハンス・クリスチャン・シンク（1998）

ゲリッシェイン
写真／ハンス・クリスチャン・シンク
（1996）

ハレのシルバーホフ地区に位置する、解体直前の高層住宅からの眺め。写真／ニコラス・ブレード（2001）

ファイバーシティ二〇五〇

大野 秀敏

二〇世紀は発展と膨張の時代でした。一九世紀末に産業革命の技術的成果が出そろい、その果実が一般大衆にも分かち与えられ、人口が増え、生活水準も向上し、市民社会の理念は着実に現実化しました。エベネザー・ハワードやル・コルビュジエなどの建築家は、二〇世紀のために都市の基本的な空間像を描いて見せました。続いて、先進諸国の経済は戦火で焼かれた街の復興と第二次大戦後のベビーブームによって活気づけられ、日本でも民主主義の自由な空気のなかで大建設時代が到来しました。建築家たちは都市ビジョンづくりに没頭しました。この時代の最後に、丹下健三が「東京計画一九六〇――その構造改革の提案」として、東京湾という処女地に美しい機械のような未来都市を描いて見せました。

その後、オイルショックを挟んで、先進諸国が新自由主義的政策を採用するようになると、都市はますます巨大化し、さまざまな意志や力、投資を吸収してダイナミックな変化を不断に繰り返すようになります。都市空間は流動化する資本の流れを加速させる市場経済の重要な一部門に変化しました。そのような状況に、建築家や都市計画家はしらじらしさと同時に、己の職能の無力を痛切に感じ、日本では都市の大きなビジョンを描くことから退いてしまいました。しかし、その間に都市では世紀単位の大変化が始まろうとしています。情報革命も、政治経済のグローバリゼーションも、環境問題も、超高齢化と少子化のいずれも、産業革命と同じように都市と建築に大きな影響を与えることは確実です。こうした問題群を扱うことには膨張を前提としたこれまでの計画思想ではまったく対応できません。

新たな設計のパラダイムが求められているというのがわれわれの基本的な考え方です。この提案は東京をケーススタディとした縮小の時代の大都市のあり方に関する普遍的なビジョンを示したものです。

人口減は都市を変えるか?

日本の都市をめぐる問題群のなかでは人口問題はとりわけ深刻です。二〇〇四年日本の人口はピークを打ち、長期的な人口減少が始まろうとしています。二〇五〇年には人口は現在の四分の三にまで減ります。しかも、そのとき高齢者（六五歳以上）は全人口の四割になっています。

都市を急速な人口減少に任せておくとどうなるでしょうか。まず、各地で廃村だけでなく廃市も続出するでしょう。何しろ五〇年足らずで四〇〇〇万人弱の減少です。首都圏が丸ごとなくなってもまだ足りない人数です。そこらじゅうに空き家が増え犯罪の温床になるでしょう。都市の拡大に対応してのびきったインフラストラクチャーはメインテナンスもされず放置されるでしょう。不便な郊外からは経済的に余裕のある層が都心に逃げ出し、採算割れした公共交通網を抱えた郊外には行き場のない低収入層が取り残されるでしょう。かつて地元の商店街を一掃した大型スーパーはさっさと店を閉め、日々の生活に困る地域が広がるかもしれません。労働力不足を補うために外国人労働者を多数呼び込めば、異国人と暮らした経験の少ない日本の社会は不安定になり、移民と日本人という人種間衝突も起こるでしょう。高齢化社会では単身世帯が増え、世帯数で最多となる一方、さまざまな共同居住の形態が生まれるかもしれません。少ない年金収入を補うために老人が職の争奪戦に加わります。また、商品も施設も老人向けが標準仕様となるなど、若者と老人の世代間の衝突が先鋭化するのではないでしょうか。社会の効率性は低下し、かつて世界第二位を誇った日本の経済力の存在感は低下していくでしょう。

　先進諸国の都市は人口問題、少子高齢化以外にも、別の縮小にも直面しています。それは、環境問題です。環境問題への対応には、温室ガスの発生を大幅に抑制しなければなりません。地球の環境を維持しようとするのなら、現在先進諸国で行われているような過剰消費によって過剰生産を支えるシステムを変えることが不可欠です。ところが、世界は、有史以来、緩慢か急速であるかは別として常に膨張し続け、特に近代になってからは爆発的な膨張を続けてきたので、長期的な縮小に対応するすべを知りません。縮小はほうっておけば都市環境と社会を荒廃させ、人々の希望を奪います。われわれの挑戦は、この災いを福に転ずることです。われわれは、空間と人間の専門家である建築家には縮小する都市の将来像を描くことが求められていると考えています。

都市のファイバーとは何か?

「ファイバーシティ二〇五〇」は、都市のファイバーに着目して、縮小の時代のメガロポリスのための都市モデルを組み立てようという構想です。

　構想の中心に位置する「ファイバー」とは組織をつくる繊維を意味する英語ですが、都市空間でいえばひも状の空間のことです。現代都市はファイバーにあふれています。たとえば、交通網です。東京の空中、地上、地下、あらゆるところにファイバーが張り巡らされています。また、通信網もファイバーの形状をとっています。ファイバーは速度の空間です。商店街もファイバーの一種です。東京にはおしゃれな通りがいくつもあります。郊外のどこの駅で降りても、なになに銀座という、もっと親しみやすいファイバーがあります。ファイバーはにぎわいの空間であり、交流と交換の空間です。大公園や大学のキャンパスや団地の中と外、地形に高低差のある上と下の地区、海岸などでは一本の線を境に場所の性質が変化します。ファイバーは境界の姿でもあります。伝統的な東京でもファイバーはありふれた存在でした。たとえば神社の参道や広小路、河川の堤などです。日本の都市には西欧の都市のような広場が発達しませんでしたが、その代わりに道がありました。われわれが、とりわけファイバーに注目する理由として、現代都市がさまざまなファイバーによって構成されていることに加えて、ファイバーの形態的な特性があります。面積が同じ四角形とひも状の公園を比較するとわかるように、ひも状の公園は同じ面積の四角形の公園より周長が長く、多くの人々が緑地に接することができ、線状の形態が都市の活性化に有利であることを示す好例です。

ファイバーシティは縮小の時代を前提とし、成熟した都市を改善する戦略です。もはや、潤沢な公共資金を投じることを前提にはできません。それゆえ、都市づくりにおいても経済的合理性を追求し、最小の介入で最大効果を上げようとします。近代都市計画のように都市を面的に改善しようとするのでなく、線を変えて、面に影響を与えようとします。

縮小の時代の都市モデル、ファイバーシティ

ファイバーシティを実現するための都市デザイン戦略である「緑の指」「緑の間仕切り」「緑の網」「街の皺」のいずれもが、都市空間のファイバーを操作することで都市全体を変えようというものです。いずれの戦略も一つの都市計画的目標のためのものではなく、都市空間の再活性化、住宅地整備、防災対策、交通政策など一つ一つが緑地整備と複合化されています。

ファイバーシティは平安京のように碁盤の目でも、丹下健三の「東京計画一九六〇」のように強い軸性があるわけでもありません。「東京計画一九六〇」が幾何学的で機械のように精巧にできているのに対して、ファイバーシティは布のように柔らかで、テクスチャーに富み、目を寄せてみれば同じような構造が繰り返される、いわゆるフラクタル的性質を備えています。

ファイバーシティの特徴

縮小する都市の求めにこたえられるように考え出された都市像、都市戦略がファイバーシティです。その特徴は以下のとおりです。

(1)ファイバーシティは経済的合理性を追求し、最小の介入で最大の効果を上げようとします。

(2)ファイバーシティは現在ある構造物はむやみに壊さず、まずは現再利用して活用する道を探ります。これまでの理想像の提示は現状を否定することから始めましたが、環境の時代の理想像は現状を受け入れることから始めます。「緑の網（Green Web）」は景観的にじゃまだとして一部撤去が議論されている首都高速道路をそのまま残して新しい生命を吹き込もうという戦略です。

(3)現状を受け入れることも線的な都市計画的介入も、場所の歴史性の重視につながります。ファイバーシティは歴史的継続のなかに生きていると考えるからです。「街の皺（Urban Wrinkle）」はまさに都市の歴史と地形と記憶との対話から生まれます。

(4)ファイバーシティは、公共交通を都市の環境問題を解決するうえで欠かせない戦略であると考えると同時に、交通弱者を生みやすい高齢社会では公共交通の利用を基本的な市民の権利と考えます。「緑の指（Green Finger）」は二〇世紀の遺産である郊外の再編成を企てるものです。

(5)ファイバーシティは、また消費の重要性を認識しています。さまざまな価値の交換こそ都市の魅力です。それを支えるのが、密度とモビリティと境界だというのがわれわれの考えです。

この提案は現実性を重視するとともに長期的視野に立ったコンセプト的原則論を示し、人間のスケールを扱いながらも首都圏全体を視野に入れます。「ファイバーシティ二〇五〇」は縮小の時代のメガロポリス像です。

TOKYO二〇五〇のための四つの戦略

(Four Strategies for TOKYO 2050)

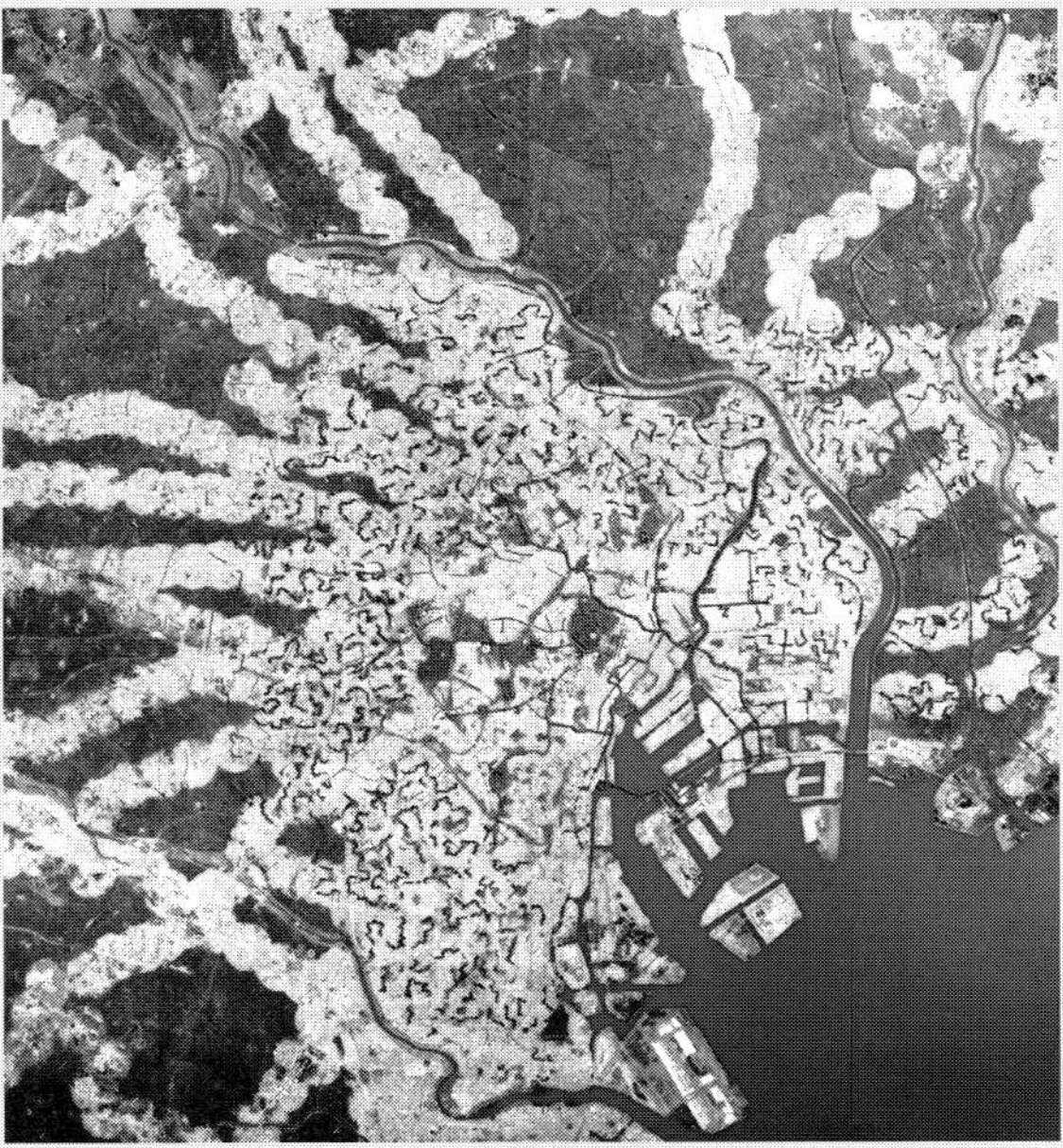

これから四三年後を想定して、人口の減少の影響を最小限にくい止め、ところによっては、それを千載一遇の機会ととらえ、環境問題解決への貢献と高齢社会への対応を考えた東京首都圏の姿を実現するための都市改造戦略「緑の指」「緑の間仕切り」「街の皺」「緑の網」の四つを提案する。この四つの戦略は、実現性を重視しているが、同時に二一世紀の都市計画のパラダイムを具現化するひな形でもある。

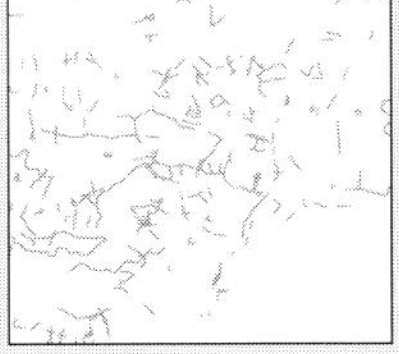

街の皺 (Urban Wrinkle)
均質化し抑揚のない都市空間に、場所の風景と歴史を生かした特徴のある線状の名所をつくり出す戦略である。

緑の指 (Green Finger)
人口減少で大きな打撃を受ける郊外の再編戦略である。茫漠と広がる郊外住宅を鉄道沿線歩行圏に徐々に集中させ、それ以遠を緑地化する。これは鉄道路線でネットワーク化されたコンパクトシティである。

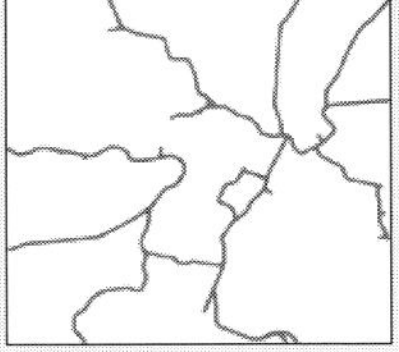

緑の網 (Green Web)
首都高速道路の中央環状線内側の交通機能を、災害時の緊急救援道路と緑道にコンバージョンする。あわせて沿道敷地の高度利用と地域エネルギーシステムの導入を図る。

緑の間仕切り (Green Partition)
都心を囲むように広がる災害危険度の高い木造密集市街地を緑の防火壁で小さく分割して、火災被害を最小限にすると同時に緑地の増加で居住環境を改善する戦略である。

緑の指（Green Finger）

駅から歩けない地域を緑地にする

人口減少で大きな打撃を受ける郊外の再編戦略である。茫漠と広がって住む郊外住宅地を鉄道沿線の歩行圏内に徐々に集中させ、それ以遠はすべて緑地化して、メリハリのある居住パターンに変えようという提案である。郊外住宅地は近代都市に特有な居住形態である。郊外は居住に特化された地域であり、戸建てを中心とした住宅には核家族が住み、専業主婦が想定され、働くためにも消費のためにも都心に行かなければならない。ところが、少子高齢社会では、この前提が崩れる。まず、世帯形態では単身世帯がいちばん優勢となる。また、扶養してくれる世代の人口が減るので、女性も老人も健康であれば働かなければならなくなる。居住地選択で働く場所への通勤が重要な条件になる。また、人口の三分の一以上を占める老人の身体能力や経済力から自家用車を所有する世帯比率は減り、車がないと生活できない地域は敬遠されるだろう。収入や資産のある世帯は、早々と都心に住み替えてしまうだろうから、何も対策をとらなければ、遠郊外には貧困世帯だけが取り残されてしまう。

　人口が減ると、日本の大都市の過密な居住水準が緩和されるとひそかに期待する向きもる。しかし、既に宅地は細分化されているので、大半の宅地は、規模が増えないまま、空き地だけがポツ

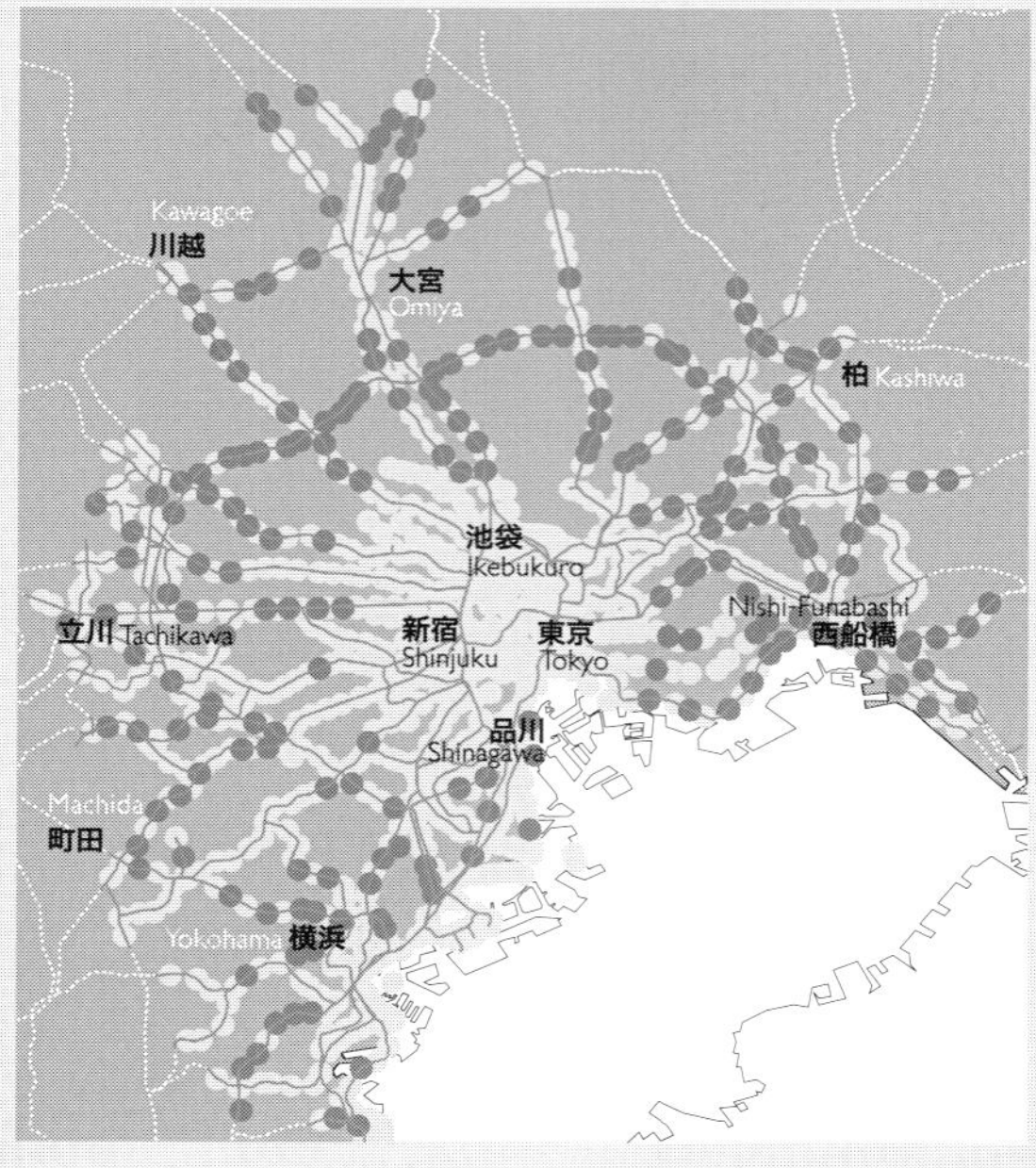

緑の指によって再構成される首都圏の市街地のかたち
駅からの距離 800m、新しい駅は濃いグレー。
山手線の各駅から1時間または横浜、大宮、川崎、千葉の各駅から 30 分の乗車圏内の各駅から半径 800m の範囲にある 730 のコンパクトシティがネットワーク化される。

ポツと増えることだろう。

緑地は、貸し出し菜園や農地、高い緑地率を約束した事業施設（大学、研究機関など）などを想定する。宅地は相変わらず狭小であるが、徒歩圏には必ず鉄道駅があり、都市の利便性は確保され、反対方向には、今の首都圏にはない広大な緑地が広がる。

拡散し自動車に依存する郊外住宅地が環境問題と高齢社会に適さないことから、コンパクトシティが関心を集めている。コンパクトシティは環境的には合理性があるが、多くの人々の支持を得られるかどうかは疑問が残る。というのは、それは退屈だからである。世界中で、若者は小さな都市を捨てて大都市ばかりに集まる傾向がその証拠である。大都市の魅力は、選択の可能性の豊富さであり、選択肢の多さは、交通手段があってはじめて現実のものとなるが、日本の大都市には、世界に誇る充実した鉄道ネットワークがある。「緑の指」は駅から歩ける住宅地を鉄道で数珠つなぎにすることで、コンパクトシティの環境性と大都市の魅力を同時に備えた都市の形態を目指す。

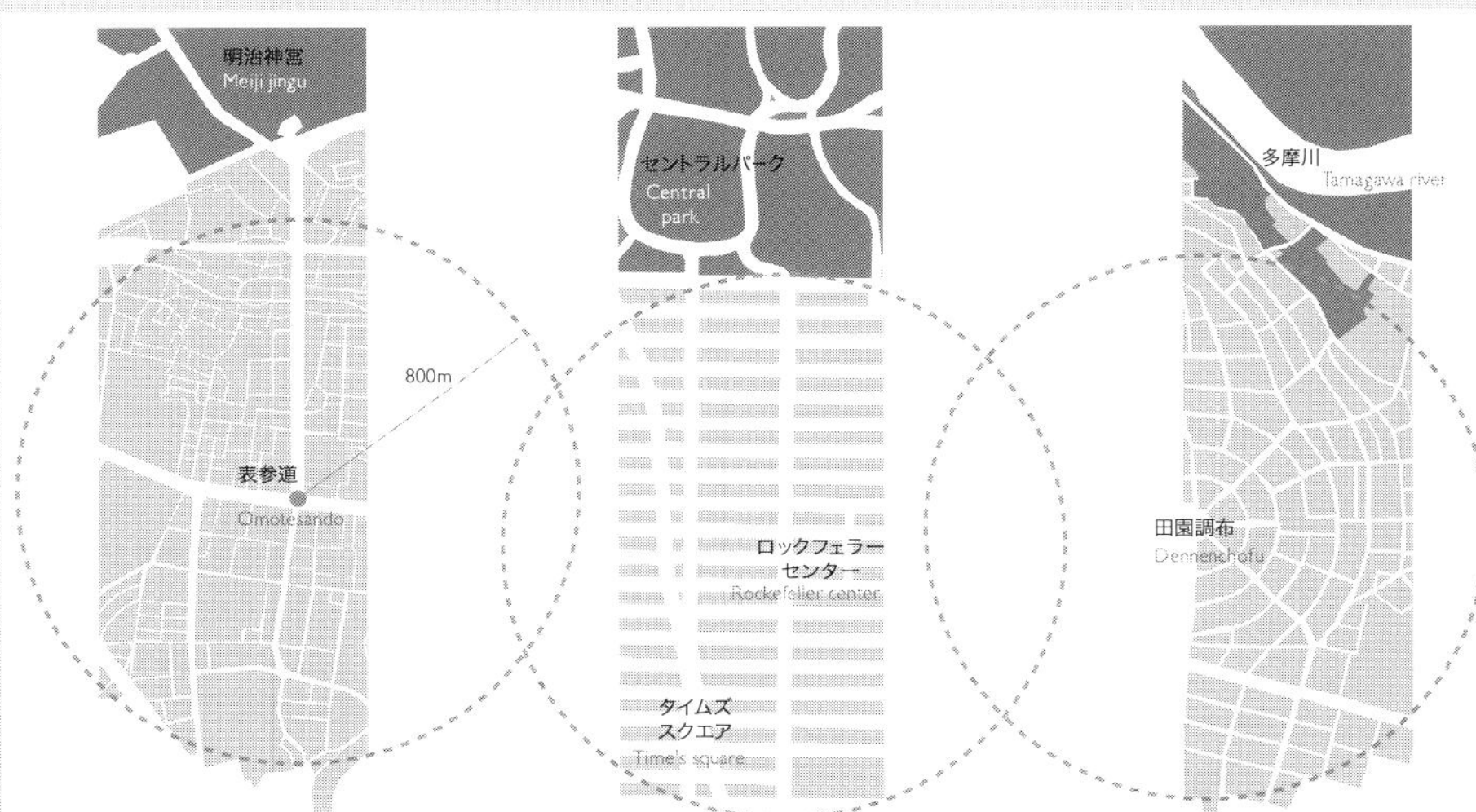

800m圏のスケール比較／駅から800mの距離にある緑地の事例。

緑の間仕切り（Green Partition）

密集した住宅地を緑地帯で仕切り、防災性と快適性を高める

日本の都市の最大の脅威は地震である。確率的には遠からず大きな地震が襲ってくる。東京で地震時にもっとも危険な場所は、おもに環状六号線と七号線に挟まれた地域に広がる木造建築密集地帯である。大地震時に大火災の発生と大量の犠牲者が出ることが避けられないと予想される場所である。

この地区の建物を全部耐火建築に建て替え、道を拡幅すればよいのだが、途方もない時間と費用がかかる。私たちの提案は、災害が起こっても火災を拡大させず、安全に避難できるようにすることを優先させる。そのために、この危険な地区を緑地帯で細かく仕切る。緑の壁が火災の延焼を防ぐというわけだ。

間仕切りとなる線状の緑地は、ときどき出現する空き地をつないでつくる。その一端を必ず地域の避難空地に接続することで避難路にもなる。同時に間仕切りの緑は、緑の少ない地区に潤いを提供し、雰囲気をがらりと変えてくれるはずである。

この計画を実現するためには、ひと地区の八パーセント程度の宅地を緑地に変えなければならないが、その分地区の住宅地としての価値が上がるので、総量では経済的にも見合うことになる。

右　緑の間仕切りに沿う住宅地
密集市街地に住宅単位の幅をもった緑地ができ上がると、
防災効果のみならず住環境の改善も期待できる。

下　密集地に分散配置される「緑の間仕切り」

街の皺（Urban Wrinkle）

街の一角を、場所の可能性を引き出しながら線状に改造して魅力を高める

東京圏は三〇〇〇万人もの人が住む世界最大の都市であるが、「あの場所」といえるような魅力的な場所となると数えるほどしかない。東京には、少し手を入れればもっと魅力的になるファイバーが多数埋もれている。かつて魅力的であったのに、いろいろな理由から醜くなってしまったファイバーもまた多数ある。たとえば坂道やお堀端、高架構造物の緑、並木道などであるが、そこに近づきにくかったり、高い建物の陰になっていたりする。それらを顔の皺にたとえてみよう。魅力的な都市には魅力的な皺が多数刻み込まれているものである。都市の場合は、皺の多さは歴史の豊かさの証拠であり、勲章である。東京も、薄汚れた皺に適切に手を入れれば見違えるほどすてきな場所に生まれ変わるだろう。

上　首都高速の桁をメッシュ状に組まれたアーチで吊ることで、日本橋の見えをじゃましている首都高速の橋脚を撤去し、同時に両岸に親水空間を整備する。

左　日本橋を圧するように架かる首都高速道路

緑の網（Green Web）

首都高を救援道路と緑道に用途替えする

首都高速道路の中央環状線の内側の交通機能を災害時の緊急救援道路と緑道に機能転換する戦略である。併せて沿道敷地の高度利用と地域エネルギーシステムの導入も進める。東京のいちばんの弱点である地震が昼間に都心を直撃した場合、道路は乗り捨てられた車や倒壊物などで埋められてしまうことだろう。都心には一時も中断のできない首都機能があるし、大量の帰宅難民を帰還させることも必要である。そこで、阪神淡路大震災の後補強をすませた首都高速の一レーンを救援車用に確保しておけばきわめて迅速な対応ができるのではないだろうか。救援路として使う一車線は、通常は遊歩道や自転車道として使う。地面から見るとゴチャゴチャしている東京の風景も首都高からの眺めはなかなか美しいものである。残りの車線は緑化する。空中に線状緑地が浮かぶ風景は、きっと脱自動車社会建設の象徴となり世界に東京の英断として誇れることだろう。

首都高は都心の交通量の二八パーセントを担う自動車交通の大動脈だが、山手線の外側に建設中の中央環状線が完成すれば、都心の首都高速を通過する交通の迂回が期待される。しかも、その間に四分の一の人口が減るから、首都高の担っている自動車交通量に見合う。ロードプライシング制など自動車交通量を減らすさ

上　緑の網。人のための空間になった首都高（隅田川沿い）
首都高から眺めた東京は美しい。それは多くの人に開放すべきである。

左　首都高速のコンバージョンと連動した立体的都市形成

まざまな手法を取り入れることも必要であろう。自動車が排出する地球温暖化ガスを減らすためには自動車の環境技術だけでなく、自動車への依存そのものを減らすべきである。

首都高は一九六四年の東京オリンピックを迎えるための首都整備の一環として、土地収用をしなくてすむことから、河川や道路の上空を使って高架高速道路が建設されたため、当時は未来的と受け入れられた風景が、今では、都心の景観破壊の元凶として、やり玉に上がっている。しかし、都市の景観は異なる時代の営みが積み重なってでき上がるものである。首都高の構造物も、江戸時代の堀の石垣と同じように、東京都心の歴史的景観の一つとして、われわれの目の前に新たな活用法を求めているとは考えられないだろうか。

首都高の表面を緑化すると、全体で新宿御苑の二倍に相当する緑地になる。さらに、ビルの間を縫う地域では、沿道のビルに首都高と同じレベルに屋上庭園を設けて橋で結べば、連続した緑地はもっと広がり、双方の魅力と利用価値は高まるだろう。

環境問題を解決するためには、建物が使う膨大なエネルギーを減らすことが必要である。そのための切り札として、地域冷暖房システムが知られているが、ネットワークを形成するために大規模再開発地域に限定されてきた。緑の網では、高架構造物の下を活用して、既存市街地に効率的な次世代型地域冷暖房を実現することができる。首都高速道路の路面上や桁側面に配管を敷設し、首都高速下をプラント用地とすれば、配管コストやプラント建設費が大幅に削減できる。

*二二八〜二五三頁は本書の出版に際し、「10＋1」No.46（INAX出版、二〇〇七年）初出の原稿に手を加えたものである。

フィリップ・オスヴァルト Philipp Oswalt × 大野秀敏 Hidetoshi Ohno

インタビュー・訳・構成／森 正史

「shrinking cities× fibercity @akihabara」展の開催にいたる思索の経緯を、来日中のフィリップ・オスヴァルト氏を迎え、大野秀敏氏との対話のなかから探った。

「縮小する都市」について考えるようになった経緯はどのようなものでしょうか?

オスヴァルト　一九九〇年代後半、旧東ドイツでの失業率が二〇パーセントとなり、空室率も三〇パーセントとなる地域が出てきました。旧西ドイツ側でも同様の問題が起きました。さらに次の一〇年間では人口半減による空室率の倍加が予想されたため、こうした問題になんらかのかたちで取り組む必要があると思われました。二〇〇二年、都市関連プロジェクト推進に向け新基金を設立したドイツ連邦文化財団より委託を受け、「縮小する都市」に関する調査を行い、ドイツの文化活動支援額としては異例となる三〇〇万ユーロもの資金を確保し、複数の調査チームを編成して本の出版なども行いました。

大野　私は、二〇〇〇年から岐阜県庁周辺の開発に対する提案を求められました。われわれは岐阜県南部全域を包含する戦略的総合計画を提案するべきと考え、県職員とともに各種調査を行ったところ、人口減少が予想以上に大きな問題であることに気づきました。この時から、「縮小する都市」の問題は、二一世紀の都市デザインにおける中心的課題になると確信しました。

「縮小する都市」の深刻な問題とはなんでしょうか?

オスヴァルト　世界の縮小する都市には、おおむね三つの問題があります。まず、慢性的な失業がもっとも深刻です。経済振興政策にも限界があり、解決は困難です。第二に、公益サービスの維持が困難となることです。人口密度の減少により、公共交通、医療、教育、文化振興といった各種公益サービスの質を維持することが難しくなります。第三に、公共空間の質が保たれないことです。土地利用が歯抜け状態となることで、公共空間の密度や統一感を維持できなくなります。

大野　日本の地方においても、北海道夕張市のように地方政府が破綻する時代となりました。東京在住の者には容易に想像できないこうした深刻な状況は、人口減少に伴い既に日本の各地方でも進行しています。

大規模な移民の受け入れによる「縮小」現象の緩和は可能だとお考えですか?

オスヴァルト　移民は、生活の向上を求めて雇用機会の大きい大都市に集まる傾向が強く、「縮小する都市」への流入はきわめて少ないでしょう。調査を行った米国のデトロイトにおいても、この一〇年から二〇年の間に顕著な移民の流入は見られませんでした。日本と同様に、ドイツでは移民の流入を避ける傾向にありますが、たとえドイツで移民開放政策をとったとしても、旧東ドイツ側の「縮小」地域に人は流れません。大規模な移民の受け入れは、年金などの社会保障分野をはじめとする国家経済全体に対する効果はありますが、「縮小する都市」への改善効果は薄いです。

「縮小する都市」を楽観的にとらえることは可能でしょうか。

大野　一般的に、「縮小」現象が人々に肯定的にとらえられることは少ないですが、この不可避かつ悲惨な状況を受け入れたうえで、社会を改善するための機会としてとらえることが大切でしょう。

オスヴァルト　「縮小」現象は、必ずしも悲観的なことだけとはとらえていません。モダニズムを例にとると、ヨーロッパにおける工場労働者の生活環境問題等、工業化の弊害への批判がその発生の大きな要因であったように、一見悲観的な状況も、長期的に見ればよい方向へと変化するためのきっかけととらえることができます。

西欧の「縮小する都市」で活性化に成功した事例をご存じですか。

オスヴァルト　イギリスのマンチェスターでは、人口の半減により七〇年代後半から八〇年代にかけては最悪の状況でしたが、都心部の空きスペースが音楽活動の場として活用されるようになってから、落ちぶれた工業都市から音楽による文化都市へとイメージの刷新に成功しました。ただし、こうした動きによって活性化したのは都心部のみで、隣接地域はいまだに荒廃した状況です。

「縮小する都市」にかかわる各種提案の実現に向けた組織のあり方をどう考えますか。

大野　「ファイバーシティ」ではすぐに実現させる方策というよりは、「縮小」の時代においてあるべき都市の全体像について人々が考えはじめ、議論するためのプラットフォームとして考えています。

オスヴァルト　西欧の多くの都市と同様、ドイツの各都市においても統治機構と都市構造との間に齟齬が生じています。都市域と郊外域が各々完結した統治機構のもとにあり、地域全体を包括するビジョンが希薄です。バランスのとれた地域開発を行うためには、包括的な地域政府の構築が望まれることが「シュリンキング・シティーズ」での調査からも明らかとなりました。

なぜ、世界各都市で「シュリンキング・シティーズ」展を行おうと考えられたのでしょうか。

オスヴァルト　調査の成果を国内外に広く示し啓発を行うことで、人々に関心と刺激を与え、これをきっかけに議論がわき起こり、「縮小する都市」における社会問題の解決に向けた動きにつながることを望んでいます。だからこそ、多くの人々との対話の機会をもちたいと思っており、米国、イギリス、ロシアなどの各都市でも展覧会を開催していきます。日本でも、この合同展覧会をとおして調査と発表の機会を与えられたことを大変光栄に思います。

各展覧会の今後のスケジュールをお聞かせください。

オスヴァルト　「シュリンキング・シティーズ」展は、米国のクリーブランド、ロシアのサンクトペテルブルク、ドイツのフランクフルトでも今後開催の予定。各都市で「ファイバーシティ」の思想に対する関心も高まっており、今後も展覧会や出版を通じて同時に紹介していきたいと思います。

大野　現時点では「ファイバーシティ」展の予定はありませんが、さまざま関心が寄せられています。

二〇〇七年二月一〇日(土)一九時～二〇時
秋葉原 UDX AKIBA_SQUARE

トーク・イン　縮小する都市の未来を語る

2007年1月28日(日) − 2月18日(日)
会場に設けられたフォーラムでは全9回にわたり、トークインを行った。
建築・都市の専門家と学生、行政、企業、地域の人々が、自らの提案を携え幅広く集い、「縮小」をめぐって、新たな時代の哲学、技術・デザインについて議論し、都市と環境に対する新たな知と芸術のあり方を探った。

01 時間をデザインする

2007年1月28日(日) 14:00〜17:30

D：山代 悟＋日高 仁(東京大学、urbandynamics laboratory)

P：梶原文生(都市デザインシステム代表取締役)／田中陽明(春蒔プロジェクト株式会社代表取締役)／岩本唯史＋墨屋宏明(BOAT PEOPLE Association)

02 都市の未来を描く

2007年2月2日(金) 15:30〜19:00

D：北沢 猛(東京大学)

P：山本理顕(建築家)／佐々木龍郎(建築家)／鈴木伸治(横浜市立大学准教授)／中野 創(横浜市開港150周年・創造都市事業本部創造都市推進課担当課長)

03 郊外の現在。そしてプラグマティックな手法論

2007年2月3日(土) 14:00〜17:30

D：馬場正尊(Open A、東京R不動産、リラックス不動産)

P：三浦 展(消費社会研究家、マーケティング・アナリスト、株式会社カルチャーズスタディーズ研究所代表)／竹内昌義(建築家、みかんぐみ)

04 住まいとコミュニティ

2007年2月4日(日) 14:00〜17:30

D：木下庸子(建築家、設計組織ADH、UR都市機構)

P：都筑響一(フリー編集者)／林 純一(ベネッセコーポレーションシニア事業開発室室長)

05 コミュニティに根ざした情報デザイン

2007年2月9日(土) 17:00〜20:30

D：渡辺保史(ライター、プラニング・ディレクター)

P：加藤文俊(慶應義塾大学環境情報学部助教授)／杉浦裕樹(ヨコハマ経済新聞編集長、NPO法人横浜コミュニティデザインラボ常務理事)

06 森と水と言われても…「緑地にどう向き合うか?」

2007年2月10日(土) 14:00〜17:30

D：三谷 徹(ランドスケープ・アーキテクト)

P：石川 初(登録ランドスケープアーキテクト)／高橋靖一郎(ランドスケープ・アーキテクト)／長谷川浩己(ランドスケープ・アーキテクト)

07 住民とまちを作る

2007年2月16日(金) 17:00〜20:30

D：小林正美(アルキメディア設計研究所主宰、明治大学教授)

P：吉見俊哉(東京大学大学院情報学環学環長)／渡辺真理(設計組織ADH、法政大学教授)／山本圭介(株式会社山本・堀アーキテクツ、東京電機大学教授)／堀啓二(株式会社山本・堀アーキテクツ、共立女子大学助教授)／根上彰生(日本大学教授)

08 地域の力を引き出す

2007年2月17日(土) 14:00〜17:30

D：宇野 求(建築家、千葉大学教授)

P：塚本由晴(建築家、東京工業大学大学院准教授)／ブルーノ・ピータース(建築家、ベルギー・サンリュック建築大学助教授)

09 街を楽しくするサービス

2007年2月18日(日) 14:00〜17:30

D：太田浩史(建築家、東京大学国際都市再生研究センター特任研究員)

P：河村岳志(オルタ・デザインアソシエイツ代表、NPO水都OSAKA水辺のまち再生プロジェクト理事)／斉藤 理(東京大学客員研究員)

D：ディレクター
P：プレゼンテーター

概要 Shrinking Cities × fibercity@akihabara 縮小する都市に未来はあるか？

主催：S × F@A 組織委員会 info@sfa-exhibition.com
共催：東京大学21世紀COE「都市空間の持続再生学の創出」／Aki DeCo／ドイツ連邦文化財団 Kulturstiftung des Bundes
後援：日本建築学会／日本都市計画学会／住宅総合研究財団／千代田区／（仮称）秋葉原タウンマネジメント組織設立準備委員会／秋葉原電気街振興会／秋葉原再開発協議会／ UDCK ／柏の葉アーバンデザインセンター
協賛：NTT 都市開発／ダイビル／鹿島建設／クロスフィールドマネジメント／東京ガス／能村膜構造技術振興財団／トステム建材産業振興財団／ヤマギワ
協力：Goethe- Institut ／ドイツ文化センター

S×F@A 組織委員会
大垣眞一郎（委員長）＋大野秀敏＋フィリップ・オスヴァルト＋山代悟＋日高仁＋北沢猛＋馬場正尊＋木下庸子＋渡辺保史＋三谷徹＋小林正美＋宇野求＋太田浩史

S×F@A 実行委員会
大野秀敏（委員長）＋三宅理一＋フィリップ・オスヴァルト＋フュスン・テュレトケン＋カルロ・ツーハー＋河瀬行生＋日高仁＋森田伸子＋松下幸司＋森正史＋稲光奈弥＋本間健太郎＋北雄介＋北島祐二＋池田健太郎＋大野友資＋佐藤圭奈＋佐屋香織＋谷口晋平＋中西祐輔＋三井嶺＋三好礼益＋森山一＋奥山枝里＋高畑憲介＋溝原一輝＋深山尚史

Shrinking Cities × fibercity@akihabara 展覧会

会期：2007 年 1 月 28 日（日）～ 2 月 18 日（日）
会場：AKIBA_SQUARE（秋葉原 UDX 2F）
http：//www.akiba-square.jp/
開館時間：11:00 ～ 20:00（月～木）
11:00 ～ 21:00（金）
11:00 ～ 19:00（土・日・祝）
入場料：無料
関連企画 PopulouSCAPE

国際シンポジウム

縮小する都市に未来はあるか？
「Is there a future beyond shrinking ?」
日時：2007 年 2 月 11 日（日）13:30 ～ 18:30（開場 13:00）
会場：東京大学本郷キャンパス工学部新 2 号館
東京都文京区本郷 7-3-1
（http：//www.u-tokyo.ac.jp/campusmap/cam01_04_18_j.html）
参加費：1000 円
総合司会：河瀬行生（S × F@A 実行委員会）
基調講演 1　フィリップ・オスヴァルト（Shrinking Cities Office 代表）
基調講演 2　大野秀敏（東京大学大学院教授）
パネルディスカッション
モデレーター：三宅理一（慶應義塾大学大学院教授）
パネリスト：蓑原敬（都市プランナー）＋大野秀敏（東京大学大学院教授）＋フィリップ・オスヴァルト（Shrinking Cities Office 代表）＋山形浩生（翻訳家、評論家）

トーク・イン（Talk-in）縮小する都市の未来を語る

日時：2007 年 1 月 28 日（日）～ 2 月 18 日（日）の金・土・日／全 9 回
時間：17:00 ～ 20:30（金）2 月 3 日のみ 15:30 ～ 19:00、14:00 ～ 17:30（土・日）
会場：AKIBA_SQUARE（秋葉原 UDX 2F）
http：//www.akiba-square.jp/
参加費：1 回／ 500 円、
フリーパス（何回でも参加可能）／ 1500 円
事前申込：S × F@A 実行委員会

テーマとモデレーター：
① 1 月 28 日（日）時間をデザインする：日高仁 & 山代悟（東京大学）
② 2 月 2 日（金）都市の未来を描く：北沢猛（東京大学）
③ 2 月 3 日（土）郊外の現在：馬場正尊（建築家）
④ 2 月 4 日（日）住まいとコミュニティ：木下庸子（建築家）
⑤ 2 月 9 日（金）コミュニティに根ざした情報デザイン：渡辺保史（智財創造ラボ）
⑥ 2 月 10 日（土）森と水と言われても：三谷徹（千葉大学）
⑦ 2 月 16 日（金）住民とまちをつくる:小林正美（明治大学）
⑧ 2 月 17 日（土）地域の力を引きだす：宇野求（千葉大学）
⑨ 2 月 18 日（日）街を楽しくするサービス：太田浩史（東京大学）

企画：大野秀敏＋フィリップ・オスヴァルト
shrinking cities 東京展・コーディネーター：河瀬行雄＋フュスン・テュレトケン＋カルロ・ツーハー
トーク・イン・コーディネーター：本間健太郎
展示デザイン：大野秀敏
展示アシスタント：日高仁（fibercity）＋フュスン・テュレトケン（Shrinking Cities）
ポスター＋ちらしデザイン：秋山伸＋苅谷悠三／ schutūcco
web デザイン：門脇匡彦
広報＋編集：森田伸子
事務局：松下幸司＋森正史＋稲光奈弥

編著：

大野秀敏（おおの・ひでとし）

東京大学大学院教授

1975年東京大学大学院工学系研究科建築学専攻修士課程修了、97年工学博士（東京大学）、76～83年槇総合計画事務所、83～88年東京大学助手、88年東京大学助教授（大学院工学系研究科建築学専攻）、98年デルフト工科大学客員研究員、99年より現職。著作や寄稿には「香港超級都市 Hong Kong：Alternative Metropolis 」（雑誌『SD』92年3月号特集）、『建築のアイディアをどのようにまとめてゆくか』（彰国社、2000年）など。建築作品はNBK関工園 事務棟・ホール棟、茨城県営松代アパート、YKK滑川寮 、旧門司税関改修、鵜飼い大橋など。作品でJIA新人賞、日本建築学会作品選奨、中部建築賞、ベルカ賞、BCS賞など受賞。

編集協力：

松下幸司（まつした・こうじ）／co-editor

（株）アバンアソシエイツ計画本部　副部長

1968年兵庫県生まれ。1991年東京大学工学部建築学科卒業後、鹿島建設に入社。1994～1996年Kajima Design Asia Jakarta Officeに出向。2005年より、アバンアソシエイツ。「シュリンキング・シティ×ファイバーシティ@アキハバラ」の企画・運営に携る。

森 正史（もり・まさふみ）／co-editor

（株）アバンアソシエイツ計画本部　主査

1970年神奈川県生まれ。1993年東京大学工学部建築学科卒業後、鹿島建設に入社。1999年カリフォルニア大学バークレー校建築学科修士課程修了。2003年より、アバンアソシエイツ。「シュリンキング・シティ×ファイバーシティ@アキハバラ」の企画・運営に携る。2007年より、東大まちづくり大学院に在学中。

森田伸子（もりた・のぶこ）／編集ディレクション

1973年鹿島出版会入社。2000年よりフリーランス編集者として、建築、都市、アート、デザイン関係の書籍の編集のかたわら、展覧会、シンポジウムの企画にも携わる。「シュリンキング・シティ×ファイバーシティ@アキハバラ」の広報担当。

玉野哲也（たまの・てつや）＋**鄭 福圭**（チョン・ポッキュウ）／ブックデザイン

齋藤るり（（株）アバンアソシエイツ）／DTPオペレーション

協力：

フィリップ・オスヴァルト（Philipp Oswalt）

1964年ドイツ・フランクフルト生まれ。ベルリン工科大学、ベルリン芸術大学に学ぶ。88～94年建築誌「ARCH＋」を編集するかたわら、シンポジウム、ワークショップ、講演会や展覧会を企画。96～97年OMA（ロッテルダム）、MVRDV（ロッテルダム）に勤務。98年フィリップ・オスヴァルト・プロジェクトオフィスを設立。2000年『ベルリン―形のない都市』を出版。2000～02年ブランデンブルク工科大学客員教授。2001年スタジオ・アーバン・カタリストを設立。02年シュリンキング・シティのプロジェクトを開始。

写真・図版クレジット：
カバー地図（原案作成・デザイン：大野秀敏＋アバンアソシエイツ、制作：玉野哲也+鄭福圭、
原図：©GEOSCIENCE / SEBUN PHOTO/amanaimages）
p.20-31（原図作成・デザイン：大野秀敏＋アバンアソシエイツ）
p.2-3、32-33、56-78、98-99（photos : Koji Matsushita）
p.34-55（photos : Masafumi Mori）
p.98-225（各事例の写真・図版は各執筆者提供）
p.228-229、240-248（photos and courtesy : Hidetoshi Ohno）
p.230-239（courtesy : Philipp Oswalt Project Office）

シュリンキング・ニッポン
縮小する都市の未来戦略

発行：2008年 8月25日　第1刷
　　　2009年12月25日　第3刷

編著：大野秀敏
協力：アバンアソシエイツ

発行者：鹿島光一
発行所：鹿島出版会
104-0028 東京都中央区八重洲 2-5-14
tel：03-6202-5200
fax：03-6202-5204
振替：00160-2-180883

印刷製本：三美印刷

ISBN 978-4-306-04508-8 C3052

本書の内容に関するご意見・ご感想は下記までお寄せください。

URL:http://www.kajima-publishing.co.jp
e-mail:info@kajima-publishing.co.jp